Introduction à la biogérontologie : approche critique

Éric Le Bourg
Université Paul-Sabatier,
Centre de recherche sur la cognition animale, UMR CNRS 5169,
118 route de Narbonne, 31062 Toulouse cedex 9

Editions TEC & DOC
11, rue Lavoisier
75008 Paris

Chez le même éditeur

Le vieillissement : rythmes biologiques et hormonaux
J. Épelbaum, 2009

Le syndrome de vulnérabilité
Collections Sciences du risque et du danger, série Références
J. Bouisson, 2008

Radicaux libres et stress oxydant
Aspects biologiques et pathologiques
J. Delattre, J.-L. Beaudeux, D. Bonnefont-Rousselot coord., 2005

Du même auteur

Retraites, démographie, santé... Vieillir en France aujourd'hui et demain
Ouvrage collectif sous la direction d'Éric Le Bourg. Vuibert, Paris, 2010

Mild stress and healthy aging. Applying hormesis in aging research and interventions
Ouvrage collectif sous la direction d'Éric Le Bourg et Suresh Rattan. Springer, Berlin, 2008

Bienvenue chez les vieux ? Pour ne pas faire de l'avenir un cauchemar
Vuibert, Paris, 2008

Le vieillissement. Faits, peurs et fantasmes
Vuibert, Paris, 2006

Le vieillissement en questions
CNRS Éditions, Paris, 1998

ISBN : 978-2-7430-1421-6

Mathilde… hier, aujourd'hui, et à jamais.
Pour Baptiste et Véronique…
et à tous ceux que j'aime.

Table des matières

Le contexte scientifique de la recherche

Esprit critique, es-tu là ?

Introduction

Le vieillissement est depuis quelques années, et plus particulièrement en France depuis les premières réformes du régime des pensions en 1993[1], un thème qui fait l'actualité. Entre inquiétudes et espoirs quant à leur état de santé futur (grabataire ou « en forme » ?) ou leur situation financière la retraite venue, les citoyens montrent un intérêt pour les problèmes du vieillissement qui ne diminue pas. Les médias ne sont pas en reste, comme le montrent les émissions de télévision s'intéressant au phénomène du vieillissement et à ses enjeux sociaux ou présentant, quelquefois sans regard critique, les différentes manières supposées de vieillir moins vite ou même de rajeunir. Dans le monde académique, cet intérêt pour le vieillissement se manifeste par un nombre grandissant de publications et de revues spécialisées, classiques ou exclusivement numériques, consacrées à la gérontologie dans ses différentes facettes (biologique, clinique, sociale), et par une attirance plus importante que jadis des étudiants pour la recherche dans ce domaine.

---

1. La réforme de 1993 entreprise par le Premier ministre Édouard Balladur visait à réformer le régime de retraites du secteur privé. La durée de cotisation fut portée à 40 ans au lieu de 37,5 ans, les pensions furent calculées sur les 25 meilleures années au lieu des 10 meilleures et elles furent indexées sur les prix, et non plus sur les salaires. Les effets de cette réforme ont été décrits dans Bridenne I, Brossart C (2008). Les effets de la réforme de 1993 sur les pensions versées par le régime général. *Retraite et Société,* n° 54, 121-153.

Les étudiants en biologie s'intéressant au vieillissement sont confrontés à une situation peu habituelle. Alors que les manuels en langue française de génétique, d'écologie, de biochimie, *etc.*, abondent à tous les niveaux du cursus universitaire, permettant aux étudiants de se faire une idée assez précise de la recherche dans ces domaines, il n'en est pas de même en biogérontologie, la discipline qui s'intéresse aux mécanismes biologiques du vieillissement. Les étudiants ou les chercheurs souhaitant démarrer un travail de recherche sur le sujet doivent alors se référer aux rares livres généraux de langue anglaise, ou tenter, en confrontant des livres plus spécialisés ou des revues de synthèse publiées dans les revues scientifiques, de se faire une idée des concepts de base à connaître quand on souhaite mener une recherche en biogérontologie. Ces étudiants ou chercheurs peuvent aussi lire des ouvrages en français destinés au grand public, mais ils sont alors face à une littérature mêlant des livres proposant une information sérieuse et d'autres au contenu alléchant mais fantaisiste, proposant généralement de dévoiler le secret de la jeunesse éternelle ou quelque chose d'approchant.

De plus, l'étude du vieillissement relevant de disciplines variées, la sociologie, la démographie, la psychologie, la biologie, la clinique, *etc.*, il est difficile pour le débutant de se faire une idée précise du domaine dans lequel il va travailler, et ceci d'autant plus que les articles ou livres scientifiques dont il aurait besoin lui sont généralement inconnus ou inaccessibles avant de démarrer une activité de recherche. Le débutant est donc parfois amené à décider de son orientation future sans avoir certains éléments en main, ce qui peut entraîner déceptions et frustrations quand il saura quels sont les sujets qui intéressent les chercheurs en biogérontologie, ces sujets n'étant généralement pas ceux qui sont présentés dans les médias comme étant au centre de l'attention des chercheurs.

Contrairement aux disciplines comme la chimie, la biogérontologie ne relève pas de techniques particulières à un domaine, mais au contraire fait des emprunts aux autres disciplines. Ainsi, pour étudier l'effet d'un traitement particulier sur le vieillissement d'un animal modèle comme la mouche drosophile, le ver nématode, la souris ou le microcèbe, le chercheur pourra faire appel à la génétique, que ce soit par l'utilisation de mutants ou d'animaux transgéniques ou en recourant à des techniques permettant de mesurer l'expression des gènes, à la biochimie en mesurant par exemple l'activité enzymatique, à l'observation du comportement ou de l'apprentissage, ou encore à la mesure de l'homéostasie, en s'intéressant à la résistance des animaux à différentes agressions. Les mesures en biogérontologie relèvent donc souvent de différents domaines de compétence, car les effets du vieillissement sont visibles à tous les niveaux, que ce soit au niveau cellulaire, à celui de l'organisme entier, ou de son comportement.

La recherche en biogérontologie est bien souvent le fait de chercheurs, débutants ou expérimentés, qui ont acquis une compétence dans un domaine particulier, par exemple la biochimie ou l'éthologie, et s'intéressent par la suite, ponctuellement ou non, au vieillissement en utilisant leurs compétences préalablement acquises. Il peut alors arriver, y compris dans les publications dans des revues prestigieuses, que leurs articles montrent, à côté d'une maîtrise des techniques relevant de leur domaine de compétence, une ignorance des autres domaines, ce qui finalement nuit aux conclusions de l'article. Pour ne prendre qu'un exemple, de nombreux auteurs observent l'activité d'ascension de drosophiles en fonction de l'âge, c'est-à-dire la capacité à gravir une paroi verticale après une stimulation mécanique. Pour cela, ils prennent un tube contenant des mouches dans une main, frappent le fond du tube contre le plateau d'une table, ce qui fait tomber les mouches, puis observent la hauteur atteinte par les animaux en un temps donné. Cependant, comme la force de la stimulation a un effet sur les scores d'ascension[2] et que cette force peut varier entre les expérimentateurs, mais aussi pour un même expérimentateur, le score d'ascension dépendra en partie de cette variation incontrôlée et pas seulement de la variable que l'on souhaite étudier, l'âge par exemple. La parade est bien sûr d'utiliser une stimulation d'intensité contrôlée, par exemple grâce à un simple agitateur de tube, matériel des plus courants dans les laboratoires de biologie, mais cela est rarement fait. Il peut paraître étonnant que des chercheurs, qui peuvent utiliser par ailleurs les techniques les plus récentes de la biologie moléculaire, recourent à des protocoles dont

---

2. Le Bourg E, Valenti P, Lucchetta P, Payre F (2001). Effects of mild heat shocks at young age on aging and longevity in *Drosophila melanogaster*. *Biogerontology,* **2** : 155-164.

les caractéristiques ne sont pas contrôlées quand ils étudient le comportement, alors qu'ils n'imaginent même pas d'utiliser des pipettes sales ou de garder à température ambiante des produits devant être stockés à 4 °C. L'adoption de ces mauvais protocoles s'explique par le fait que ces chercheurs croient souvent que « faire du comportement » est à la portée du premier venu, sans formation préalable, et que, puisqu'ils sont compétents par exemple en biologie moléculaire, ils sont sûrement capables de faire du comportement. Ces chercheurs conçoivent donc des expériences de « comportement » qui, bien souvent, ne sont pas au niveau des protocoles élaborés par des étudiants de master 1 dans un laboratoire d'étude du comportement, et tombent généralement dans tous les pièges guettant le néophyte[3]. Le danger de produire des résultats inutilisables est peut-être moins fréquent quand des spécialistes du comportement ont besoin de mener une expérience dans un domaine ne relevant pas de leur compétence, par exemple en biochimie. En effet, dans ce cas, la moindre erreur de protocole pouvant être fatale à l'expérience (exemple : la réaction chimique attendue ne se produit pas), le comportementaliste doit souvent se tourner vers ses collègues compétents en biochimie ou apprendre lui-même ces techniques s'il veut obtenir des résultats utilisables. Notons à la décharge des chercheurs produisant des résultats inutilisables dans le domaine qui n'est pas le leur, qu'il est souvent difficile de réunir pour le même projet de recherche les compétences, par exemple, d'un généticien, d'un biochimiste, d'un comportementaliste et d'un statisticien, ce qui serait pourtant la meilleure solution.

C'est en partie ce constat du manque d'ouvrages d'introduction à la biogérontologie et des erreurs souvent faites dans les articles du domaine (nous en verrons d'autres) qui m'a amené à écrire ce livre qui a l'ambition d'être une initiation *critique* à la biogérontologie. L'accent a été en effet mis sur la nécessité d'avoir une approche critique quand on aborde

3. Il arrive aussi que des chercheurs ou étudiants en biochimie ou biologie moléculaire, peut-être du fait du « prestige » que leur confère l'utilisation de matériels et produits coûteux, conçoivent un certain mépris pour leurs collègues comportementalistes généralement moins bien dotés. Cette attitude peut conduire à la mise au point de protocoles comportementaux désastreux, car ignorant la littérature et les conseils des collègues compétents dans l'étude du comportement.

ce domaine de recherche, car il existe un certain nombre de questions, souvent peu abordées dans les ouvrages sur le vieillissement ou les publications, qui pourtant peuvent se révéler importantes, pour ne pas dire essentielles, dès qu'on souhaite démarrer une expérimentation en biogérontologie, comme l'a montré l'exemple ci-dessus. On ne trouvera donc pas ici une revue des différents résultats de la recherche, ceux-ci n'étant abordés que dans la mesure où ils permettent de préciser la façon dont les chercheurs conçoivent leur discipline.

Toutefois, ce livre ne se limite pas à la biogérontologie au sens strict, tant il est vrai que le problème de l'étude du vieillissement déborde de ce cadre. *Nolens volens,* le vieillissement est une préoccupation de la société et la recherche en biogérontologie doit prendre en compte les aspects non purement biologiques du vieillissement comme, entre autres, les questions démographiques et les dérives dangereuses d'un point de vue médical et scientifique (le charlatanisme anti-vieillissement). Il est donc nécessaire d'aborder ces thèmes dans un ouvrage centré sur la biogérontologie, tant il est vrai que faire de la recherche ne doit pas se comprendre comme devenir l'expert le plus pointu possible du domaine le plus étroit possible, dans la plus parfaite ignorance du reste du monde. Ce manque de curiosité serait aussi la négation même du métier de chercheur, car un chercheur est d'abord un homme curieux de tout et dont la curiosité va justement permettre de faire avancer les connaissances. Un chercheur n'est pas un individu à qui on demande de faire une découverte bien précise dans le cadre d'un appel à projets à réaliser dans un temps donné, en admettant qu'une telle conception de la recherche ne soit pas de toute façon un non-sens logique, la découverte ne se programmant pas[4]. Tôt ou tard, cette absence de curiosité finit par être préjudiciable au progrès des connaissances, même dans le domaine de recherche « le plus étroit possible ». Dans le cadre du vieillissement, problème intéressant les démographes, biologistes, sociologues, économistes, *etc.*, et chacun de nous en fin de compte, ne pas s'intéresser aux

4. Il est vrai que la tendance actuelle à remplacer les financements pérennes par des contrats ponctuels pousse les chercheurs à expliquer qu'ils sont justement capables de faire des découvertes précises en un temps donné, ceci afin de se placer au mieux dans cette « course aux contrats », alors qu'ils sont eux-mêmes convaincus que c'est faux.

aspects extérieurs à sa thématique de recherche bien précise est tout simplement se priver de toute possibilité de l'appréhender dans toutes ses implications, et donc de répondre aux attentes de la société. Cependant, on ne trouvera pas ici un exposé des différents enjeux sociaux liés au vieillissement démographique, comme par exemple les réformes successives des régimes de retraite ou le problème de la dépendance. Le lecteur trouvera en fin d'ouvrage quelques livres en français répondant à ces objectifs.

Ce livre a bénéficié de la relecture attentive et des commentaires de plusieurs chercheurs s'intéressant au vieillissement et je souhaite donc remercier ici : Jacques Epelbaum, directeur de recherches à l'Inserm (Paris), Simon Galas, professeur des universités (Montpellier 1), Nadège Minois, chargée de recherches à l'université (Saint-Andrews, Écosse), Jean-Marie Robine, directeur de recherches à l'Inserm (Montpellier). Cet ouvrage doit aussi beaucoup aux discussions avec des collègues chercheurs, techniciens, ou enseignants-chercheurs, proches ou éloignés de la biogérontologie, ainsi qu'avec des étudiants devant lesquels j'ai tenté d'expliquer au fil du temps un certain nombre de concepts en lien avec la biogérontologie et ses à-côtés. Qu'ils soient tous remerciés ici, leurs commentaires et réflexions étant beaucoup plus utiles qu'ils ne le croient généralement eux-mêmes.

Étudier le vieillissement

1. Que cherche-t-on ?

Quel est le but des biogérontologues ? La question peut se poser puisque, d'émissions télévisées en débats radiophoniques, en passant par les titres, souvent accrocheurs, de la presse écrite, on pourrait penser que les biogérontologues n'ont qu'un but : augmenter la longévité dans des proportions considérables (150, 1 000 ou 5 000 ans !) grâce à quelque remède miracle. Pour se limiter à un seul exemple, l'hebdomadaire *Le Point* du 5 mars 2009 présente un dossier intitulé : « Voulez-vous vivre 1 000 ans ? » dont le sous-titre est : « L'élixir de jouvence, ce n'est plus qu'une question de temps ! ». En somme, les biogérontologues ne seraient que les continuateurs modernes des auteurs anciens à la recherche du secret de la vie éternelle ou de l'élixir de longue vie[5]. Cela n'est pas le cas (mais nous devrons y revenir un peu plus bas), et la recherche de ces remèdes miracles, dont l'histoire a été contée[6], ne relève guère de la science.

---

5. *L'Albert moderne,* ouvrage paru à Paris en 1773 « Chez la veuve Duchesne » contient ainsi une recette d'un tel élixir de longue vie dû à un médecin suédois, le docteur Yernest, mort à 104 ans et dont une aïeule a vécu 130 ans, des affirmations certainement aussi optimistes que les prétentions de l'élixir.

6. Frexinos J (2006). *Vivre longtemps et rester jeune. Science ou charlatanisme ?* Éditions Privat, Toulouse.

La recherche sur le vieillissement a des objectifs plus limités, mais pourtant difficilement atteignables. Il s'agit de comprendre comment se met en place le vieillissement : quels sont les mécanismes qui expliquent qu'un individu en pleine possession de ses capacités va peu à peu les voir diminuer ? Doit-on, par exemple, mettre en cause des problèmes au niveau cellulaire (ADN, mitochondries, *etc.*) ? Il s'agit aussi de comprendre pourquoi un organisme vieillit. Il semblerait pourtant simple de maintenir un organisme en bonne santé, et en tout cas plus simple que de construire cet organisme de la conception à la maturité sexuelle, mais nous savons que ce n'est pas le cas : comme expliquer un tel mystère ?

À côté de ces questions, les biogérontologues cherchent les facteurs environnementaux qui modulent le vieillissement. Qui dit facteurs environnementaux dit peut-être possibilité d'agir et on sait, par exemple, qu'arrêter de fumer augmente considérablement la durée de vie par rapport aux fumeurs[7], mais il existe des effets de l'environnement moins connus. Les chercheurs s'intéressent aussi aux facteurs génétiques qui ont des effets sur la longévité ou la propension à être atteint de certaines pathologies liées à l'âge, comme par exemple l'allèle ε4 du gène de l'apolipoprotéine E (*ApoE ε4*) qui augmente le risque d'être atteint de maladies cardio-vasculaires ou de la maladie d'Alzheimer et, *in fine*, diminue la longévité[8].

En résumé, le but de la biogérontologie est de comprendre les causes et les mécanismes du vieillissement et de se servir de ces études pour moduler le vieillissement, en somme de rassembler des connaissances pouvant permettre à chacun de nous de vivre dans le meilleur état de santé possible le plus longtemps possible. Il s'agit donc d'un objectif d'une grande pertinence humaine et sociale, et il ne faut donc surtout pas croire que le but des biogérontologues soit la recherche de la vie éternelle, ou quelque chose d'approchant, et du remède miracle permettant de l'atteindre. De même, il ne s'agit pas de prolonger la vie humaine

7. Le Bourg E (2006). *Le vieillissement : faits, peurs et fantasmes.* Vuibert, Paris, 30-31.

8. Christensen, JTE, V(2006). Quest for genetic determinants of human longevity : Challenges and insights. *Nature Reviews Genetics* **7** : 436-448.

le plus possible, quel que soit l'état de santé : qui souhaite vivre 150 ans ou plus (en admettant que cela soit possible[9]) en étant grabataire ?

Les biogérontologues ne sont donc, pour l'essentiel, ni des rêveurs, ni des individus désireux de battre les records de longévité à n'importe quel prix. La précision est nécessaire car il existe un courant de pensée qui vise, non pas à retarder le vieillissement, mais à le supprimer. Son représentant le plus fameux est Aubrey de Grey qui considère qu'il devrait être possible, entre 2025 et 2040, d'augmenter la longévité moyenne d'une personne de 55 ans de 50 ans, ce qui amènerait donc ces quinquagénaires à vivre environ 130 ans en moyenne et non 80 comme aujourd'hui. L'accès de tous à ces thérapies anti-vieillissement pourrait avoir lieu entre 2030 et 2050 et les personnes nées en 2000 pourraient vivre 5 000 ans, et non plus seulement celles nées en 2100 comme il le prévoyait auparavant[10]. Enfin, il a aussi expliqué que la première personne devant vivre 1 000 ans était née vers 1945[11]. Les thèses d'Aubrey de Grey ne font pas l'unanimité, pour le moins, parmi les biogérontologues. Un certain nombre d'entre eux se sont ainsi associés pour écrire un article dans lequel ils déclarent que chaque piste de recherche proposée par de Grey est « exceptionnellement optimiste » et que l'idée que la science « non seulement retardera le vieillissement, mais l'inversera — créant des jeunes gens à partir des personnes âgées — et ceci durant notre propre existence, est tellement peu plausible qu'elle ne requiert aucune considération de la communauté scientifique compétente »[12].

---

9. Le Bourg E (2009). Longévité humaine : 150 ans et plus ? *La Presse Médicale,* **38** : 1211-1212.

10. de Grey ADNJ (2005). Foreseeable and more distant rejuvenation therapies. *In :* Rattan SIS (dir.), *Aging interventions and therapies.* World Scientific Publishers, Singapour, 379-395.

11. Entrevue d'Aubrey de Grey sur la radio britannique BBC, accessible depuis news.bbc.co.uk/2/hi/uk_news/4003063.stm.

12. Warner H, Anderson J, Austad S, Bergamini E, Bredesen D, Butler R, Carnes BA, Clark BF, Cristofalo V, Faulkner J, Guarente L, Harrison DE, Kirkwood T, Lithgow G, Martin G, Masoro E, Melov S, Miller RA, Olshansky SJ, Partridge L, Pereira-Smith O, Perls T, Richardson A, Smith J, von Zglinicki T, Wang E, Wei JY, Williams TF (2005). Science fact and the SENS agenda. What can we reasonably expect from ageing research? *EMBO Reports,* **6** : 1006-1008.

Toutefois, au-delà du cas extrême d'Aubrey de Grey, il existe des chercheurs qui se livrent à des propos très optimistes comme d'affirmer que « nous commençons à considérer le vieillissement comme une maladie qui peut être guérie, ou au moins retardée »[13]. Ce genre de déclarations promettant que l'on pourrait échapper au vieillissement peut être jugé sévèrement, comme par exemple par Thomas Kirkwood qui écrivait que « les généticiens qui vantent leur progrès comme l'annonce d'une prochaine longévité de 200 ans... sont méprisables, non seulement pour leur mépris de la vérité scientifique, mais aussi de duper le public qui paie pour leurs travaux »[14].

Il faut enfin mettre en garde contre la tentation de certains chercheurs à mettre leur réputation scientifique au service d'entreprises commerciales visant à promouvoir des remèdes anti-vieillissement, même si cette réputation a été acquise dans un domaine n'ayant rien à voir avec la biogérontologie. Le cas récent le plus célèbre est peut-être celui du lauréat du prix Nobel Luc Montagnier, spécialiste incontestable du sida, qui vantait la fameuse « papaye du pape » comme remède anti-vieillissement[15].

2. *Risques liés à la recherche en biogérontologie*

Ce qui précède montre que les biogérontologues doivent faire face à une situation un peu particulière puisqu'ils sont en permanence confrontés à des éléments extérieurs les obligeant à faire des mises au point et que, parfois, eux-mêmes succombent à un enthousiasme excessif.

La menace la plus importante est probablement le commerce des produits anti-vieillissement qui utilise, pour vendre, des termes scientifiques. Par exemple, on peut lire sur un site internet vendant de tels

13. Guarente L, Kenyon C (2000). Genetic pathways that regulate ageing in model organisms. *Nature,* **408** : 255-262.

14. Kirkwood TBL (1999). *Time of our lives.* Weidenfeld and Nicolson, Londres.

15. Le Bourg E (2006). *Le vieillissement : Faits, peurs et fantasmes.* Vuibert, Paris, 121-124.

produits que « ce complément alimentaire associe cinq antioxydants indispensables pour lutter contre les radicaux libres responsables des phénomènes de vieillissement ». Le client ne saura pas que le fait que les radicaux libres, ces dérivés très réactifs de l'oxygène produits au cours du métabolisme, soient responsables du vieillissement est une thèse très controversée et qu'il ne semble pas qu'un apport extérieur d'antioxydants permette de lutter contre le vieillissement[16]. Le problème de la médecine anti-vieillissement sera développé dans le deuxième chapitre.

Une deuxième menace est le surenthousiasme des chercheurs eux-mêmes, les amenant à des déclarations allant plus loin que ce que leurs résultats permettent de dire. Par exemple, Cynthia Kenyon déclarait dans un entretien sur un site internet[17] qu'elle pensait qu'il devrait être possible de rendre immortel le ver nématode *Caenorhabditis elegans*, l'animal sur lequel elle travaille, ou qu'il « serait possible qu'en modifiant un gène humain, on puisse doubler notre longévité »[18]. Pourtant, aucun résultat ne permet de dire que l'immortalité du nématode ou le doublement de la longévité humaine par la modification d'un gène soient possibles. Ce genre de déclarations ne permet en rien le progrès des connaissances mais est en revanche une source de confusion pour le grand public, mais aussi pour les chercheurs. Il est vrai que de telles déclarations sont un moyen utilisé par certains de s'assurer une notoriété médiatique. Ce problème de l'enthousiasme excessif de certains chercheurs sera aussi développé dans le deuxième chapitre.

Une troisième menace est la pression médiatique, les médias n'hésitant parfois pas devant les titres tapageurs (comme l'a montré l'exemple du *Point*, cité plus haut) ou les émissions faisant appel plus souvent à des invités, farfelus ou charlatans, prêts à promettre monts et merveilles si on applique leurs recettes miraculeuses (mais aussi risquées), qu'à des chercheurs réalistes ou simplement honnêtes. Ce genre d'émissions oblige les chercheurs à démentir des annonces sensationnelles et tend à faire croire

16. Lapointe J, Hekimi S (2010). When a theory of aging ages badly. *Cellular and Molecular Life Sciences*, **67** : 1-8.

17. http://discovermagazine.com/2004/mar/discover-dialogue/article_view?b_start:int=1&-C=

18. http://www.mprize.org/index.php?pagename=mj_about_what

au grand public que la recherche sur le vieillissement est une aimable plaisanterie, au mieux, ou, au pire, le repaire de docteurs Frankenstein proposant des remèdes plus dangereux les uns que les autres.

Une dernière menace, enfin, est le contexte économique et social, propice à favoriser des déclarations sans fondement permettant par exemple de justifier des réformes économiques liées au vieillissement démographique. Pour ne prendre qu'un exemple, une dirigeante patronale déclarait en février 2010 à propos du projet gouvernemental visant à durcir les conditions d'accès à la pension que « l'espérance de vie approche les 100 ans », alors que ce n'est bien sûr pas le cas (elle est aujourd'hui d'environ 80 ans les deux sexes confondus et rien ne permet de dire qu'elle atteindra un jour 100 ans)[19]. On comprend bien qu'annoncer pour bientôt que nous serons tous centenaires est un argument imparable quand on veut relever l'âge de la retraite. Toutefois, le procédé rappelle fortement le proverbe qui nous dit que quand on veut noyer son chien, on dit qu'il a la rage.

Dans ces conditions, les chercheurs peuvent être amenés à prendre position, par leurs écrits ou déclarations, afin de limiter la diffusion des fausses idées ou vrais mensonges. Ce fut le cas par exemple quand plusieurs dizaines de chercheurs mirent en garde contre la médecine anti-vieillissement[20]. Il s'agit là d'une situation rare en sciences, mais pas totalement inconnue. Les généticiens travaillant sur les organismes génétiquement modifiés (OGM) doivent parfois intervenir dans les médias pour expliquer ce que sont et ne sont pas les OGM, et leurs risques, s'ils existent. Les chercheurs s'intéressant au sida, pour leur part, peuvent être partie prenante des interventions visant à sensibiliser le public aux moyens de prévention. Les chercheurs d'autres disciplines biologiques peuvent être appelés de temps à autre à s'exprimer sur leur sujet, comme ce fut le cas par exemple au moment de l'épidémie d'encéphalite spongiforme bovine. Les biogérontologues partagent, toutefois à un degré

19. Le Bourg E (2010). Laurence Parisot raconte n'importe quoi. *L'Humanité*, 16 février, p. 3, accessible depuis http://humanite.fr/node/9774.

20. Olshansky SJ, Hayflick L, Carnes BA (2002). Position statement on human aging. *Journal of Gerontology A Biological Sciences and Medecine Sciences*, **57** : B292-B297.

moindre, le privilège avec les spécialistes des sciences humaines (sociologie, psychologie, *etc.*), de l'économie, ou de la météorologie, d'être plus souvent mis à contribution, et ceci depuis une vingtaine d'années, ce qui est bien sûr lié aux préoccupations de nos concitoyens devant leur propre vieillissement et aux débats sur les retraites. Une telle situation implique, que l'on le veuille ou non, que les chercheurs en biogérontologie peuvent difficilement ne pas se documenter un minimum sur les aspects des problèmes du vieillissement qui dépassent leur thème de recherche *sensu stricto*. Par exemple, n'avoir aucune notion de démographie rendra difficile d'expliquer à un étudiant, un collègue, une connaissance, les raisons de l'augmentation du nombre de personnes âgées (qui n'est pas, pour l'essentiel, due à une quelconque dénatalité, comme on le croit souvent[21]). De même, ne pas avoir la moindre information sur le charlatanisme anti-vieillissement risque de faire du chercheur une proie facile pour les entreprises du secteur toujours avides de reconnaissance scientifique, *via* leurs contacts avec des chercheurs, pour faciliter leurs ventes. Le chercheur en biogérontologie ne peut donc pas, même s'il en est tenté, s'enfermer dans sa tour d'ivoire car le monde frappe à sa porte. Si le chercheur ignore superbement ces sollicitations, nul doute que d'autres acteurs, souvent moins désintéressés, se feront un plaisir d'y répondre.

3. *Quels modèles animaux utiliser ?*

Les objectifs de la biogérontologie ne sont pas ceux de la gériatrie et, le plus souvent, les chercheurs sur le vieillissement ne sont pas des cliniciens. Par ailleurs, les études sur les humains ont des limites importantes. Par exemple, les études de cohortes, utilisant des questionnaires ou des mesures à plusieurs années d'intervalle chez les mêmes sujets posent le problème de la perte des sujets avec le temps, ce qu'on appelle l'attrition des cohortes, pour de multiples raisons autres que la mort du sujet qui peut être une variable mesurée par l'étude (déménagement, refus de continuer à participer, *etc.*). Le problème se pose aussi du suivi de

21. Le Bourg E (2006). *Le vieillissement : faits, peurs et fantasmes.* Vuibert, Paris, 69-72.

l'étude par des équipes de recherche dont les membres peuvent changer, puisqu'ils vieillissent en même temps que leurs sujets d'expérience, comme c'est le cas par exemple pour l'étude des maladies cardio-vasculaires de Framingham, commencée en 1948[22].

D'autres types d'études sur l'humain ont des limites méthodologiques importantes. Par exemple, les études transversales, comparant des sujets d'âges différents au même moment, mêlent un effet de l'âge à un effet de génération : les expériences différentes vécues par deux générations au cours de leur vie pourraient avoir un effet sur leur vieillissement. Pour prendre un exemple, des chercheurs voulant étudier l'effet de l'âge sur la prévalence des maladies cardio-vasculaires dans un pays comme les Pays-Bas risquent d'être confrontés au problème des personnes nées pendant la famine de l'hiver 1944-1945, puisqu'on sait qu'un faible poids à la naissance augmente le risque de maladies cardio-vasculaires[23]. L'augmentation avec l'âge des maladies cardio-vasculaires refléterait peut-être alors en partie un effet de génération mais, à l'inverse, une telle étude dans un pays ayant adopté dans les dernières décennies une alimentation de type américain ne risquerait-elle pas de conclure que l'augmentation avec l'âge des maladies cardio-vasculaires est assez faible, alors que ce résultat serait le reflet partiel des habitudes alimentaires des différentes générations, les personnes âgées conservant une alimentation traditionnelle ? Les études avec des êtres humains sont donc difficiles, onéreuses, longues, soumises à une réglementation très stricte, en particulier en ce qui concerne les essais cliniques randomisés, et il est donc nécessaire de se tourner vers les modèles animaux. Bien évidemment, toute étude sur l'animal à visée thérapeutique ne pourra faire l'économie, si les résultats sont prometteurs, d'études de validation sur des sujets humains pour passer à une application clinique.

Recourir à l'expérimentation animale implique de faire l'hypothèse que l'observation du vieillissement chez le modèle animal choisi pourra apporter une information sur le vieillissement humain et on s'attendrait

---

22. Voir le site internet http://www.framinghamheartstudy.org/about/history.html

23. Eriksson JG, Forsén T, Tuomilehto J, Osmond C, Barker DJ (2001). Early growth and coronary heart disease in later life: longitudinal study. *British Medical Journal*, **322** : 949-953.

donc à ne pouvoir utiliser que les primates, et si possible uniquement les singes anthropoïdes, comme le chimpanzé. Ce n'est évidemment pas possible, ne serait-ce que pour des raisons de disponibilité des animaux, et la plupart des expérimentations sont réalisées sur des animaux de laboratoire, comme les rongeurs, mais aussi les singes lémuriens. Les invertébrés classiquement utilisés en biologie comme les mouches drosophiles sont aussi utilisés.

Pour chacune de ces espèces se pose le problème de la généralisation à l'humain des résultats observés et nous verrons que la plus grande prudence doit être de rigueur. Par exemple, transposer sans précaution les résultats d'études réalisées sur les rongeurs, mammifères prolifiques à la durée de vie brève dont les jeunes sont rapidement autonomes, aux humains, mammifères vivant longtemps et ayant peu de descendants dont les parents doivent s'occuper pendant des années, peut être risqué (*cf.* le chapitre suivant). De même, transposer à l'humain (ou aux autres mammifères) les résultats obtenus sur un animal post-mitotique comme la drosophile requiert de la prudence. Il faut donc admettre, avant de commencer toute étude du vieillissement, qu'aucun modèle animal ne permet de transposer directement ses résultats aux humains, même si l'espèce étudiée semble proche d'un point de vue phylétique.

Pour chaque modèle animal décrit dans les paragraphes suivants sont indiqués un ou des articles complétant l'information succincte donnée ici.

3.1. Les primates

Un des grands intérêts des primates en tant que modèle biologique est leur proximité phylétique avec l'humain. Dans les faits, en France, les primates utilisés dans les études du vieillissement sont les microcèbes (*Microcebus murinus*) plutôt que les macaques ou les babouins, utilisés aux États-Unis. Ces derniers animaux sont rares, coûteux à entretenir, et leur durée de vie se mesure en décennies. Le microcèbe est répandu en France pour des raisons historiques, la France ayant été la puissance coloniale de Madagascar jusqu'à son indépendance en 1960.

Le microcèbe est un lémurien de Madagascar d'environ 100 grammes pour 25 centimètres de long vivant une douzaine d'années en captivité. Ses changements liés à l'âge, qu'ils soient morphologiques, comportementaux, hormonaux, sensoriels, ou cognitifs ont été décrits[24]. En particulier, il a été montré que le cerveau de certains microcèbes âgés présentait des altérations semblables à celles observées chez les personnes atteintes de la maladie d'Alzheimer, comme la présence de plaques β-amyloïdes[25]. Le microcèbe est actuellement utilisé dans une étude des effets de la restriction calorique[26] afin de savoir si les effets observés chez les rongeurs, comme une plus grande longévité, pourront aussi l'être chez ce primate[27].

Cet animal est très sensible à la photopériode. Quand la longueur du jour dépasse les 12 heures (comme pendant l'été), l'animal est très actif, perd du poids et entame sa reproduction. À l'inverse, quand la durée du jour est inférieure à 12 heures (comme pendant l'hiver), l'animal devient léthargique et prend du poids. Raccourcir l'année de 12 mois à 8, en modifiant la durée des périodes de jours longs (5 mois avec 14 heures de lumière par jour) et de jours courts (3 mois avec 8 heures de lumière par jour), diminue la longévité, les animaux ayant des saisons naturelles vivant en moyenne un peu plus de 5 ans, et ceux soumis aux années courtes moins de 4 ans. Les animaux vivent en fait le même nombre de saisons, quelle que soit leur durée, les 50 % de mortalité étant atteints au cours du cinquième cycle saisonnier[28]. L'expérience inverse,

24. Dal-Pan A, Perret M, Aujard F (2010). Un primate de cent grammes pourrait-il nous aider? *In :* Le Bourg E (dir.), *Retraites, démographie, santé… Vieillir en France aujourd'hui et demain.* Vuibert, Paris, 199-226.

25. Bons N, Mestre N, Ritchie K, Petter A, Podlisny M, Selkoe D (1994). Identification of amyloid beta protein in the brain of the small, short-lived lemurian primate *Microcebus murinus. Neurobiology of Aging,* **15** : 215-220.

26. Dal-Pan A, Terrien J, Pifferi F, Botalla R, Hardy I, Marchal J, Zahariev A, Chery I, Zizzari P, Perret M, Picq JL, Epelbaum J, Blanc S, Aujard F (2011). Caloric restriction or resveratrol supplementation and ageing in a non-human primate: first-year outcome of the RESTRIKAL study in *Microcebus murinus. Age (Dordrecht),* **33** : 15-31.

27. Voir plus bas pour le problème des effets de la restriction calorique sur le vieillissement et la longévité.

28. Perret M (1997). Change in photoperiodic cycle affects life span in a prosimian primate (*Microcebus murinus*). *Journal of Biological Rhythms,* **12** : 136-145.

allonger l'année au-delà de 12 mois, ne peut hélas être faite car au bout de 6 mois sous la même photopériode (que les jours soient courts ou longs) les microcèbes entrent spontanément dans l'état physiologique correspondant à l'autre régime photopériodique. Si néanmoins l'expérience était possible, les microcèbes auraient-ils vécu plus longtemps et le même nombre de saisons que des animaux contrôles ? Leur longévité aurait-elle été inchangée, ou au contraire auraient-ils vécu moins longtemps ? Autrement dit, la baisse de la longévité provoquée par le raccourcissement de l'année est-elle vraiment due à une synchronisation de la longévité des microcèbes sur un même nombre de saisons, quelle que soit leur durée ? Si oui, le rallongement de l'année aurait pu faire augmenter la longévité. En revanche, si la baisse de la longévité provoquée par le raccourcissement de l'année est due à une perturbation de l'homéostasie, alors une perturbation similaire due au rallongement de l'année aurait aussi fait diminuer la longévité. Toutefois, on pourrait objecter que la longévité des microcèbes ne peut aller au-delà de ce qui est observé en conditions de photopériode naturelle, ce qui implique qu'allonger l'année n'aurait pas modifié la longévité. Quoi qu'il en soit, on ne peut hélas pas faire l'expérience.

Le microcèbe est un animal modèle des plus intéressants dans le cadre des études sur le vieillissement et il est fort probable que son utilisation se développera dans l'avenir, car il représente une alternative aux autres primates, en particulier en France. Toutefois, il faut être conscient que ses traits de vie sont particuliers et très éloignés de ceux des humains puisque, par exemple, le microcèbe augmente son poids de 50 % au début de chaque hiver et qu'il est capable d'entrer en torpeur quotidiennement, sa température pouvant tomber à 10 °C[29]. Le microcèbe est donc un primate hétérotherme ayant des caractéristiques bien particulières : ce n'est pas un humain en réduction.

Actuellement, des animaleries de microcèbes utilisés en biogérontologie et dans l'étude des maladies neurodégénératives se trouvent à Montpellier (Hérault) et à Brunoy (Essonne).

29. Dal-Pan A, Perret M, Aujard F (2010). Un primate de cent grammes pourrait-il nous aider ? *In* : Le Bourg E (dir.), *Retraites, démographie, santé… Vieillir en France aujourd'hui et demain*. Vuibert, Paris, 199-226.

3.2. Les rongeurs

Tout le monde connaît les rongeurs de laboratoire, essentiellement les rats (*Rattus norvegicus*) et souris (*Mus musculus*), qui sont utilisés depuis des décennies en gérontologie et vivent le plus souvent dans un environnement appauvri. De nombreuses souches consanguines de souris sont disponibles, de même que des souris transgéniques. Les souches consanguines ou hybrides de première génération (F1) permettent de diminuer la variance environnementale, ce qui est nécessaire dans des expériences utilisant un nombre réduit d'animaux pour augmenter la probabilité de détecter l'effet d'un traitement quelconque. Les souches pures ou transgéniques permettent aussi d'étudier une pathologie spécifique observable chez l'humain, alors que les résultats de l'étude de l'effet d'un gène humain chez la drosophile risquent d'être plus difficilement interprétables, du fait de la plus grande distance phylétique entre la mouche et l'humain qu'entre les rongeurs et les humains.

Toutefois, les différences entre les rongeurs et l'humain sont importantes. Les rats et souris sont des mammifères très prolifiques à la vie brève dont les jeunes sont rapidement autonomes. Ces caractéristiques, très différentes de celles des humains, font que, comme pour le microcèbe, on ne peut pas les considérer comme des humains en réduction. Il faudra donc être prudent avant de faire l'hypothèse que les résultats obtenus chez les rongeurs peuvent être transposés aux humains[30].

La longévité des rats et souris, de l'ordre de 3 ans, est peu élevée par rapport à celle des primates et cela rend théoriquement possible d'étudier cette variable, mais le coût des élevages limite le développement de telles expériences. Les rongeurs ont un répertoire comportemental étendu et peuvent être utilisés dans des expériences d'apprentissage ou de mémoire aux protocoles très variés. Ces modèles animaux peuvent donc être employés dans toute une série de recherches s'intéressant aussi bien à la description du vieillissement qu'à ses mécanismes, ce qui

30. Demetrius L (2005). Of mice and men. When it comes to studying ageing and the means to slow it down, mice are not just small humans. *Embo Reports,* **6** : S39-S44.

est facilité par l'usage des animaux transgéniques[31]. En particulier, des modèles transgéniques de la maladie d'Alzheimer peuvent être utilisés pour mieux comprendre le mécanisme des altérations cérébrales de cette maladie[32] et sont donc un complément à l'utilisation des primates comme les microcèbes.

Un des résultats les plus spectaculaires obtenus chez les rats ou les souris est la possibilité d'augmenter considérablement leur longévité, jusqu'à 50 % en plus, si on les soumet à une restriction de leur nourriture. Les premiers résultats, obtenus chez les rats en 1935[33], ont donné lieu depuis à un grand nombre d'études pour comprendre ce phénomène et nous verrons dans le chapitre suivant que ce résultat peut être interprété en faisant appel à la biologie évolutive. De même, un autre résultat spectaculaire a été de montrer que la diminution de l'activité de l'axe hormonal somatotrope chez des souris mutantes augmentait leur longévité mais diminuait aussi leur taille, entre autres conséquences. Ceci a été interprété comme étant un processus adaptatif permettant aux individus d'ajuster leur croissance aux fluctuations des ressources dans la nature[34].

3.3. La mouche drosophile *Drosophila melanogaster*

La drosophile (*Drosophila melanogaster*) est utilisée en gérontologie depuis près d'un siècle, aussi bien du point de vue biochimique, cellulaire, génétique, que du comportement ou de l'apprentissage, du fait de sa génétique bien connue, de sa faible longévité (environ 3 mois à 25 °C), de son développement rapide (9 jours à 25 °C) et de ses faibles

31. Ikeno Y, van Remmen H (2003). Exploring the mechanism of aging using rodent models. *In :* Osiewacz HD (dir.), *Aging of organisms*. Kluwer Academic Publishers, Dordrecht, 221-246.

32. Verret L, Trouche S, Zerwas M, Rampon C (2007). Hippocampal neurogenesis during normal and pathological aging. *Psychoneuroendocrinology,* **32** : S26-S30.

33. McCay CM, Crowell MF, Maynard LA (1935). The effects of retarded growth upon the length of life span and upon the ultimate body mass. *Journal of Nutrition,* **10** : 63-79.

34. Holzenberger M (2009). Les récepteurs centraux de l'IGF-1 contrôlent la longévité chez la souris. *Médecine/Sciences,* **25** : 371-376.

taille (2 mm de long) et coût d'élevage. La faible longévité de la drosophile permet d'envisager des expériences modulant ce caractère, en utilisant autant d'animaux que l'on souhaite, alors qu'un tel projet sera nettement plus difficile chez un rongeur. Par ailleurs, des études où interviennent à la fois la génétique, la biochimie, la biologie cellulaire, le comportement ou les processus d'apprentissage seront plus faciles et moins chères à mettre en œuvre qu'avec des rongeurs. Enfin, en sus des nombreux mutants, les techniques modernes de génétique permettent d'étudier les gènes actifs aux différents âges (micropuces à ADN) et de disposer de mouches transgéniques auxquelles on a intégré les gènes que l'on souhaite étudier. On a ainsi pu obtenir un certain nombre de souches à la longévité augmentée, mais nous verrons qu'au moins dans certains cas cette longévité n'est augmentée que par rapport à une souche de contrôle à la longévité particulièrement basse.

Toutefois, la drosophile présente aussi des inconvénients comme une grande sensibilité de sa longévité aux conditions d'élevage et à la température, puisque c'est un ectotherme. Par exemple, les femelles accouplées vivent moins longtemps que les vierges. Un ectotherme comme la drosophile partage donc avec un mammifère comme le microcèbe (*cf. supra*) la particularité que sa longévité est très sensible à l'environnement. Sa grande distance phylétique avec l'humain impose d'être très prudent avant d'étendre à l'humain les résultats observés chez la drosophile. Un livre paru en 1988 a décrit l'utilisation de la drosophile en gérontologie[35].

3.4. Le ver nématode *Caenorhabditis elegans*

Le nématode *Caenorhabditis elegans* vit dans le sol et mesure un peu plus d'un millimètre. Cet animal, généralement hermaphrodite, vit environ 3 semaines à 20 °C et s'élève facilement au laboratoire dans des boîtes de Petri. Son génome est entièrement décrypté, son nombre de cellules est fixe (959), et il est très utilisé dans les études du vieillisse-

35. Lints FA, Soliman MH (dir.) (1988). *Drosophila as a model organism for ageing studies*. Glasgow, Blackie.

ment depuis une trentaine d'années. En cas de famine au stade larvaire, l'animal peut adopter une forme larvaire particulière, dite Dauer (durée en allemand), ne se nourrissant pas et pouvant vivre 2 mois avant de reprendre son développement au quatrième stade larvaire.

Le nématode *C. elegans* est devenu un modèle incontournable en biogérontologie dans les études de génétique et du métabolisme[36, 37], en particulier grâce à l'existence de nombreux mutants, ce qui permet peut-être d'explorer les mécanismes du vieillissement[38] (mais voir le troisième chapitre à ce sujet).

Toutefois, si ses faibles longévité et encombrement sont des avantages indéniables pour le chercheur, ce modèle animal présente aussi des inconvénients, en particulier un comportement fort pauvre qui en limite l'intérêt, seules la prise de nourriture et l'activité locomotrice étant généralement observées[39].

3.5. Autres espèces

D'autres espèces mammaliennes ou non-mammaliennes sont utilisées en biogérontologie, mais bien souvent elles n'ont pas acquis le rang d'animaux modèles, seules quelques études leur ayant été consacrées dans un nombre restreint de laboratoires, comme par exemple des études de la restriction de nourriture[40]. Un livre déjà ancien a décrit les

---

36. Olsen A, Sampayo JN, Lithgow LJ (2003). Aging in *C. elegans*. *In :* Osiewacz HD (dir.), *Aging of organisms*. Kluwer Academic Publishers, Dordrecht, 163-199.

37. Henderson ST, Rea SL, Johnson TE (2006). Dissecting the processes of aging using the nematode Caenorhabditis elegans. *In :* Masoro EJ, Austad SN (dir.), *Handbook of the biology of aging, sixth edition*. Academic Press, Burlington 360-399.

38. Galas S, Château MT, Descamps S (2010). Gènes ou gérontogènes ? Le vieillissement en quête de responsables. *In :* Le Bourg E (dir.), *Retraites, démographie, santé... Vieillir en France aujourd'hui et demain*. Vuibert, Paris, 227-246.

39. Voir cependant Brown MK, Evans JL, Luo Y (2006). Beneficial effects of natural antioxidants EGCG and α-lipoic acid on life span and age-dependent behavioral declines in *Caenorhabditis elegans*. *Pharmacology Biochemistry and Behavior*, **85** : 620-628.

40. Le Bourg E (2010). Predicting whether dietary restriction would increase longevity in species not tested so far. *Ageing Research Reviews*, **9** : 289-297.

modèles non-mammaliens[41]. Ceux-ci ne se limitent pas aux animaux puisque des champignons comme la levure *Saccharomyces cerevisiae*[42] ou *Podospora anserina*[43] sont aussi utilisés.

Par ailleurs, d'autres espèces peuvent être utilisées sans que l'on puisse dire aujourd'hui si elles le seront un jour dans de nombreux laboratoires ou non. Citons le poisson *Notobranchius furzeri*[44], la mouche *Ceratitis capitata*[45], un ravageur des vergers californiens, ou encore le rat-taupe nu *Heterocephalus glaber*[46] à la longévité exceptionnelle de 30 ans.

Enfin, des espèces ont été étudiées, puis finalement pratiquement abandonnées. C'est le cas par exemple de la mouche domestique[47] ou des rotifères[48].

4. L'étude des effets du vieillissement

Étudier le vieillissement sur les organismes signifie que l'on étudie l'effet du temps qui passe et une réflexion sur la meilleure façon de le faire est nécessaire. Dans certains cas, les effets du vieillissement ne

41. Lints FA (dir.) (1985). *Non-mammalian models for research on aging*. Karger, Bâle.

42. Jazwinski SM (2003). Yeast longevity and aging. *In :* Osiewacz HD (dir.), *Aging of organisms*. Kluwer Academic Publishers, Dordrecht, 1-30.

43. Osiewacz HD (2003). Aging and longevity in the filamentous fungus *Podospora anserina*. *In :* Osiewacz HD (dir.), *Aging of organisms*. Kluwer Academic Publishers, Dordrecht, 31-53.

44. Cellerino A (2009). Life extension in the short-lived fish *Notobranchius furzeri*. *In :* Sell C, Lorenzini A, Brown-Brg HM (dir.), *Life-span extension. Single-cell organisms to man*. Humana Press, Dordrecht, 157-171.

45. Carey JR (2002). *Longevity. The biology and demography of life span*. Princeton University Press, Princeton.

46. Buffenstein R, Edrey YH (2009). Slow aging: insights from an exceptionally long-lived rodent, the naked mole-rat. *In :* Sell C, Lorenzini A, Brown-Brg HM (dir.), *Life-span extension. Single-cell organisms to man*. Humana Press, Dordrecht, 141-156.

47. Chesky JA (1985). House flies. *In :* Lints FA (dir.) (1985) *Non-mammalian models for research on aging*. Karger, Bâle, 66-90.

48. Barrows CH, Kokkonen GC (1988). Rotifers. *In :* Lints FA (dir.) (1985) *Non-mammalian models for research on aging*. Karger, Bâle, 188-200.

pourront pas être étudiés chez des individus, mais uniquement sur des groupes d'individus. Par exemple, l'étude de l'évolution avec l'âge des taux de mortalité (ou de la prévalence d'une maladie[49], une telle évolution traduisant probablement une plus grande fragilité avec l'âge), ne peut se faire que sur des groupes, puisqu'on s'intéresse à la proportion d'individus malades ou mourant à un âge donné. Il n'existe pas de taux de mortalité individuel car, à tout moment, on est soit vivant soit mort, même s'il existe un risque de décès à chaque âge pour tout individu.

Nous nous intéressons ci-dessous aux effets de l'âge sur des caractères que l'on peut étudier au niveau individuel en attirant l'attention sur les problèmes que l'on peut rencontrer dans une étude du vieillissement.

4.1. Inconvénients et avantages des mesures transversales

Il existe deux méthodes essentielles pour mesurer l'évolution d'un caractère avec l'âge, les mesures transversale et longitudinale.

Dans une étude transversale, les effets du vieillissement sont mis en évidence grâce à l'observation d'individus différents à des âges différents : un individu est observé une seule fois au cours de sa vie. Une telle procédure va permettre de conduire une étude du vieillissement en un temps réduit à condition de disposer d'animaux ayant des âges variés (par exemple, en achetant à des élevages spécialisés des souris de différents âges). Toutefois, en recourant à une telle méthode on fait implicitement des hypothèses dont il n'est pas sûr qu'elles soient vérifiées.

Premièrement, si les sujets sont observés au même moment, on considère que le fait qu'ils soient forcément nés à des moments différents ne va pas modifier les conclusions sur l'effet de l'âge. Il a été vu plus haut que, chez l'humain, cette hypothèse pouvait être risquée, du fait des expériences différentes des individus en fonction de leur génération (les

49. Pérès K (2010). Comment vont nos anciens ? *In :* Le Bourg E (dir.), *Retraites, démographie, santé... Vieillir en France aujourd'hui et demain.* Vuibert, Paris, 133-154.

personnes nées en 1955 par exemple). Chez l'animal, ce qu'on appelle l'effet de cohorte paraît négligeable, mais ce ne sera pas toujours le cas. Une étude a ainsi montré que la longévité des drosophiles mesurée dans le même laboratoire avec les mêmes conditions d'élevage sur une période de 4 ans variait fortement, pour des raisons inconnues[50]. On ne peut donc exclure que des mouches nées à des moments différents, même rapprochés, puissent vieillir de façon différente. Par exemple, des drosophiles nées à des moments différents, même s'ils ne diffèrent que par quelques jours, peuvent avoir été soumises à des conditions différentes pendant leur développement, et cela même si les méthodes d'élevage sont standardisées au maximum. Cela peut se traduire par une viabilité des œufs différente, c'est-à-dire par une proportion différente d'animaux capables de compléter leur développement et d'atteindre l'âge adulte, comme dans le cas de la figure 1. Sachant qu'une comparaison de souches de drosophiles sélectionnées pour avoir des longévités différentes a montré qu'une viabilité diminuée pouvait être associée à une plus grande longévité[51], se pourrait-il que les variations de viabilité d'une semaine à l'autre aient un effet sur la longévité ? En fait, dans une même souche, la longévité ne semble pas être liée à la viabilité puisqu'une étude non publiée de l'auteur a montré que sur 17 groupes d'élevage différents pour lesquels on a mesuré la longévité, le coefficient de corrélation entre la viabilité de ces groupes et la longévité moyenne des mâles des mêmes groupes est de 0,25 (15 degrés de liberté, non significatif). Pour les femelles (16 groupes mesurés), le coefficient de corrélation est de 0,02.

---

50. Lints FA, Lints CV, Bullens P, Bourgois M, Delincé J (1989). Unexplained variations in life span of the Oregon-R strain of *Drosophila melanogaster* over a four-year period. *Experimental Gerontology,* **24** : 265-271.

51. Buck S, Vettraino J, Force AG, Arking R (2000). Extended longevity in *Drosophila* is consistently associated with a decrease in developmental viability. *Journal of Gerontology Biological Sciences,* **55A** : B292-B301.

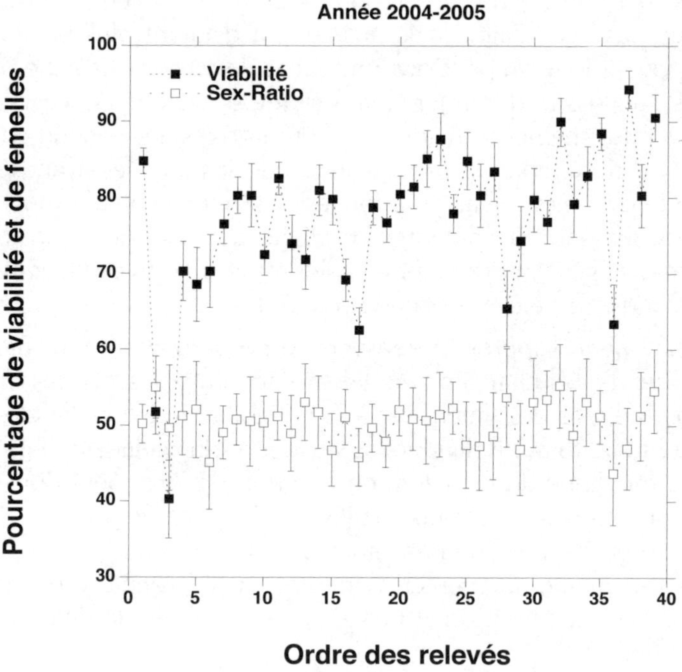

Figure 1 ■ Évolution du sex-ratio et de la viabilité (± intervalle de confiance à p = 0,05) d'œufs de mouches *Drosophila melanogaster* durant l'année 2004-2005 dans le laboratoire de l'auteur, avec un relevé hebdomadaire (il n'y avait pas forcément un relevé chaque semaine). Les conditions d'élevage sont toujours les mêmes, mais on observe cependant des différences de viabilité d'une semaine à l'autre alors que le sex-ratio est stable. On observe environ 50 % de femelles parmi les mouches adultes et la viabilité est d'environ 80 %, c'est-à-dire que 80 % des œufs sont capables de se développer et d'atteindre l'âge adulte, mais cette viabilité peut fortement varier d'une semaine à l'autre.

Deuxièmement, l'approche transversale implique de faire l'hypothèse que le caractère étudié n'est pas lié à la longévité mais, dans de nombreux cas, rien ne permet de faire une telle hypothèse. Si le trait mesuré est lié à la longévité, il se pourrait que l'effet de l'âge reflète en partie cet effet de survie différentielle liée au caractère étudié. Supposons, cas extrême décrit dans la figure 2, que la valeur d'un caractère ne change pas avec l'âge, mais qu'elle soit d'autant plus basse que les animaux vivent longtemps. Dans un tel cas, la valeur moyenne observée aux âges successifs diminuerait alors que la valeur de ce caractère, mesurée sur les mêmes individus à différents âges, ne dépend en rien de l'âge. À titre d'exemple, il a été avancé que les abeilles ayant le niveau d'activité le plus élevé avaient la longévité la plus faible, la mort arrivant après l'épuisement d'un potentiel d'activité dépensé de façon identique aux différents âges[52], et donc plus rapidement si le niveau d'activité à un âge quelconque est élevé, comme sur la figure 2.

Troisièmement, l'approche transversale ne permettant pas, par définition, d'observer les changements liés à l'âge chez les mêmes individus, elle ne permet pas de s'intéresser à la variabilité individuelle et en particulier aux trajectoires individuelles au cours du vieillissement. L'évolution de la moyenne du caractère en fonction de l'âge peut donc donner l'illusion que tous les animaux vieillissent à la même vitesse, alors que le caractère étudié peut ne pas varier en fonction de l'âge chez certains individus, ou même augmenter alors que, en moyenne, il décroît. L'approche transversale n'est donc pas adaptée à une étude différentielle du vieillissement.

Une manière de dépasser le premier inconvénient est de suivre un groupe d'animaux nés au même moment et observés une seule fois au cours de leur vie à différents âges. On ne peut mesurer un caractère plusieurs fois au cours de la vie si la mesure est incompatible avec la survie de l'animal, comme par exemple le temps de survie à la chaleur (drosophiles) ou une coupe du cerveau (souris). Cette méthode de suivi d'une cohorte implique que l'étude dure le même temps que la différence entre les âges extrêmes d'observation, ce qui peut poser un autre problème, celui de l'évolution involontaire avec le temps des conditions d'expérience. Par exemple, une étude chez la souris, qui vit de 2 à 3 ans, risque d'être confrontée au changement des expérimentateurs au cours de cette période (départ ou absence prolongée d'un étudiant

52. Neukirch A (1982). Dependence of the life span of the honeybee (*Apis mellifica*) upon flight performance and energy consumption. *Journal of Comparative Physiology*, **146** : 35-40.

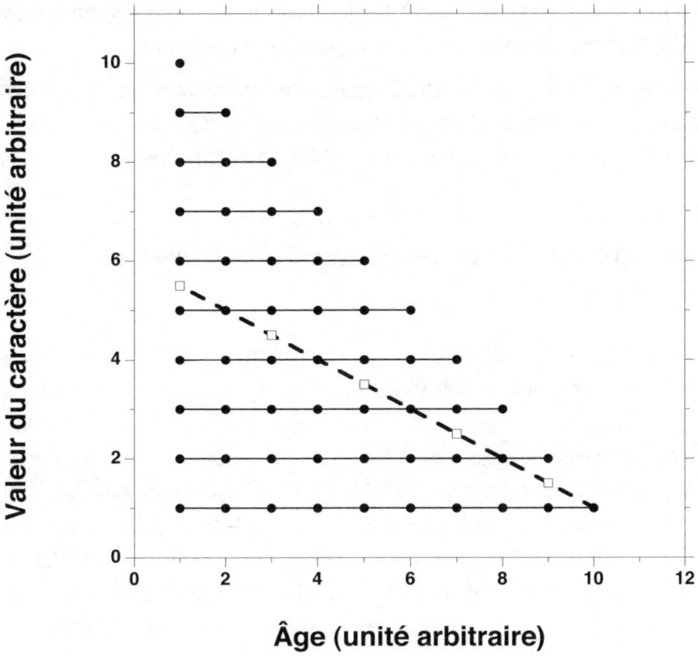

Figure 2 ■ Exemple d'un caractère constant quel que soit l'âge, mais fortement lié à la longévité, la valeur du caractère diminuant quand la longévité augmente. Les courbes en trait plein représentent les évolutions individuelles avec l'âge et s'interrompent avec la mort de l'animal. La courbe en trait discontinu est la moyenne à chaque âge des données individuelles. Une étude transversale observant des animaux différents au même moment conclurait que la valeur du caractère décroît fortement avec l'âge, alors que ce n'est pas le cas. Voir aussi Brunet-Rossinni AK, Austad SN (2006). Senescence in wild populations of mammals and birds. *In :* Masoro EJ, Austad SN (dir.), *Handbook of the biology of aging, sixth edition.* Academic Press, Burlington, 243-266.

ou chercheur du laboratoire). Cette méthode n'est pas non plus à l'abri de critiques puisqu'on étudie une cohorte d'animaux nés à un moment donné. Pour être sûr que les effets observés avec l'âge ne sont pas dus à des variations incontrôlées présentes uniquement dans cette cohorte, il sera nécessaire de répéter l'expérience avec une autre cohorte d'animaux. Si les résultats sont semblables, on pourra alors considérer que, vraisemblablement, le phénomène observé est robuste.

Les autres inconvénients de l'approche transversale ne peuvent pas être écartés en modifiant le protocole, comme ci-dessus. Il est alors nécessaire de faire appel à des mesures longitudinales[53].

4.2. Inconvénients et avantages des mesures longitudinales

Pour surmonter les difficultés liées à l'approche transversale, il est nécessaire de rassembler des données sur les mêmes animaux observés à des âges différents, c'est-à-dire de faire une étude longitudinale : un individu est observé plusieurs fois au cours de sa vie. Seule une telle démarche permet de tester les effets du vieillissement en éliminant l'effet éventuel de survie différentielle liée au caractère étudié. Une telle étude permet aussi de préciser les trajectoires individuelles et donc d'avoir une appréciation plus précise des effets du vieillissement. Une étude longitudinale permet enfin, en conservant les animaux jusqu'à leur mort, de déceler si le caractère étudié est lié à la longévité. Si cela est le cas, on se demandera si on a affaire à une simple corrélation ou à un lien causal. Dans le cas où il n'existe pas de corrélation avec la longévité, on pourra ensuite conduire uniquement des expériences transversales (avec une cohorte suivie au cours de son vieillissement ou plusieurs cohortes observées au même moment). Dans le cas de la figure 2, les lignes parallèles représentant les parcours individuels, on conclura que le vieillissement n'a aucun effet sur le caractère étudié, mais que cependant le caractère est fortement lié à la longévité, et on ne représentera donc pas la courbe moyenne devenue non seulement sans signification mais surtout trompeuse.

Une étude longitudinale apporte donc plus d'informations qu'une étude transversale mais elle n'est pas non plus sans défauts.

---

53. Sur les mesures transversales et longitudinales, voir Ingram DK (1999). Design of cross-sectional, longitudinal, and sequential studies in gerontology. *In :* Yu BP (dir.) *Methods in Aging research*. CRC Press, Boca Raton, 25-42.

Le premier est qu'on suit une cohorte au cours de sa vie et que donc (*cf. supra*) les effets observés peuvent être spécifiques à cette cohorte. Répéter l'expérience avec une deuxième cohorte peut alors être utile, afin de vérifier que les mêmes tendances sont observées.

Le deuxième défaut est que, par définition, la méthode longitudinale est inapplicable si la mesure tue l'animal.

Le troisième est que la familiarisation avec la procédure peut modifier les résultats observés. Par exemple, des souris dont on a mesuré la capacité à construire un nid en coton dans une étude longitudinale conservent de bons scores quand elles vieillissent, alors que celles qui sont testées une seule fois au cours de leur vie à des âges différents (étude transversale) présentent des scores qui se dégradent[54]. Dans cette étude, l'approche longitudinale masque un effet de l'âge qui ne se manifeste que si les sujets sont confrontés pour la première fois à une situation particulière, mais elle montre aussi que les atteintes de l'âge peuvent être minimisées, sinon supprimées, par l'expérience du sujet. C'est donc l'utilisation conjointe d'une étude longitudinale et d'une étude transversale qui permet cette conclusion intéressante.

Les approches transversale et longitudinale ont leurs défauts et avantages, ce qui interdit de conclure en faveur de la supériorité de l'une sur l'autre. Si les deux approches peuvent être utilisées, le meilleur compromis semble être de conduire d'abord une étude longitudinale (réel effet de l'âge et corrélation avec la longévité ?) puis, par la suite, si cela est justifié, des études transversales, souvent plus simples à mettre en œuvre. Cette combinaison des deux approches est ce qu'on appelle aussi l'approche séquentielle[55]. Se posera alors pour ces études transversales le choix d'étudier une cohorte suivie au cours du temps ou plusieurs groupes nés à des dates différentes et observés au même moment.

---

54. Marquette BW, Schneider CW (1991). A longitudinal investigation of the effects of experience on the behavior of aging mice. *Growth Development and Aging,* **55** : 35-42.

55. Ingram DK (1999). Design of cross-sectional, longitudinal, and sequential studies in gerontology. *In :* Yu BP (dir.) *Methods in Aging research.* CRC Press, Boca Raton, 25-42.

4.3. Combien d'observations au cours de la vie ?

On sait que par deux points ne peut passer qu'une droite, celle-ci étant de pente positive, négative ou nulle. N'utiliser que deux points d'échantillonnage au cours de la vie, comme des animaux jeunes et âgés, risque d'amener à conclure que le vieillissement augmente ou diminue la valeur du caractère étudié, ou n'a pas d'effet sur lui. Il s'agirait là d'une conclusion assez pauvre et probablement fausse. Il est évidemment souhaitable d'augmenter le nombre d'âges d'observation au cours de la vie afin d'affiner les conclusions. Un minimum de trois groupes d'âge est indispensable afin que la droite reliant les performances à deux âges ne masque pas la présence d'une courbe, présentant éventuellement un maximum ou un minimum à un âge intermédiaire.

Dans l'idéal, on utilisera au moins des animaux jeunes, des animaux plus âgés mais à un âge où la mortalité est encore faible, des animaux dont l'âge correspond à la longévité moyenne, et des animaux encore plus âgés. Le deuxième groupe d'âge permet de montrer un effet de l'âge avant le début de la mortalité, donc sans être biaisé par une mortalité différentielle liée au caractère étudié (cas d'une étude transversale). Le troisième groupe est généralement utilisé dans toutes les études. Le dernier groupe permet de voir les effets de l'âge à un âge très avancé, ce qu'on appelle parfois les animaux sénescents.

4.4. La confusion possible avec d'autres effets de l'âge

Mesurer un caractère chez un animal implique que les capacités nécessaires à sa réalisation soient présentes chez les animaux observés mais, quand on s'intéresse au vieillissement, certaines capacités de l'animal pourront être atteintes sans que le chercheur s'en doute. Le risque devient important de conclure à l'altération d'un caractère, alors que celle-ci ne fait que refléter, au moins en partie, l'effet de l'âge sur un autre caractère.

Prenons un exemple chez la drosophile. Plusieurs auteurs ont rapporté que la phototaxie positive diminuait avec l'âge, c'est-à-dire que les mouches sont de moins en moins attirées par la lumière quand elles vieillissent. Par exemple, ces auteurs utilisaient un dispositif dans lequel on mesurait le pourcentage de mouches se rendant dans la partie éclairée du dispositif en un temps donné : ce pourcentage diminuait fortement avec l'âge pour devenir nul[56]. Toutefois, quand on utilise un autre dispositif où on mesure le choix entre deux tubes, éclairé ou non, sans imposer de contrainte de temps pour effectuer ce choix, l'effet de l'âge sur la phototaxie positive est très faible, puisque le pourcentage de choix photopositifs passe d'environ 90 % chez les jeunes à 80 % chez les animaux les plus âgés. Cependant, le temps pour choisir le tube augmente avec l'âge, ce qui montre que les capacités locomotrices diminuent avec l'âge, ce qui était déjà connu[57]. Cela montre donc que la première expérience mêlait les effets de l'âge sur l'activité locomotrice et sur la phototaxie positive, au point que les résultats considérés comme en faveur d'une baisse de la phototaxie positive avec l'âge ne montrent en fait qu'une plus faible vitesse avec l'âge pour se déplacer, mais pas une baisse notable de la phototaxie positive.

Prenons un second exemple chez le rat. L'apprentissage spatial dans la piscine de Morris consiste pour un animal, plongé dans une grande bassine ronde remplie d'eau, à trouver une plate-forme submergée et invisible dont la position est constante : l'animal apprend en quelques essais à trouver rapidement la plate-forme afin de s'y hisser pour ne plus avoir à nager. La distance parcourue avant de trouver la plate-forme diminue plus vite au cours des essais chez les jeunes animaux que chez les vieux qui semblent donc apprendre moins vite. Cependant, comme les vieux rats supportent moins bien la température de l'eau généralement utilisée (20-25 °C) et que leur température interne baisse, on peut suspecter qu'une partie de leurs déficits pourrait être due à une moins bonne thermorégulation[58]. De fait, si on habitue pendant près d'un mois des vieux rats à prendre quotidiennement un bain tiède (30 °C), et qu'on

---

56. Arking R, Wells RA (1990). Genetic alteration of normal aging processes is responsible for extended longevity in *Drosophila*. *Developmental Genetics,* **11** : 141-148.
57. Le Bourg E, Badia J (1995). Decline in photopositive tendencies with age in *Drosophila melanogaster* (Diptera : Drosophilidae). *Journal of Insect Behavior,* **8** : 835-845.
58. Lindner MD, Gribkoff VK (1991). Relationship between performance in the Morris water maze task, visual acuity, and thermoregulatory function in aged F-344 rats. *Behavioural Brain Research,* **45** : 45-55.

les soumet à l'issue de cette période à l'apprentissage en utilisant une eau à 30 °C, ceux-ci corrigent certains déficits par rapport aux animaux âgés non habitués à ce bain tiède[59]. La plus grande prudence est donc nécessaire avant de conclure, par exemple, que les vieux rats apprennent moins bien que les jeunes.

Ces deux exemples montrent que les effets de l'âge sur un caractère peuvent avoir un impact sur les effets observés dans des expériences conçues pour étudier un autre caractère, sans que forcément on le soupçonne. Une analyse précise des capacités mises en œuvre dans l'expérience projetée est donc indispensable pour ne pas conclure en faveur de l'altération de certaines capacités, alors qu'en fait d'autres sont atteintes.

4.5. La confusion entre la longévité et le vieillissement

Dans le cas des espèces pour lesquelles il est facile et rapide de mesurer la longévité, des chercheurs peuvent mesurer la longévité et en inférer des conclusions sur le vieillissement. Pour ces espèces, il peut en effet sembler simple de relever la mortalité, alors que mettre en place des expériences de biochimie ou de comportement requiert des compétences plus spécifiques qui ne sont pas forcément maîtrisées par le chercheur. De ce fait, celui-ci pourra avoir tendance à entreprendre des expériences de longévité et à en tirer des conclusions quant au vieillissement de l'animal[60]. Il y a donc un risque de faire une confusion entre les effets induits, par exemple par un gène ou un environnement, sur la longévité d'une part et sur le vieillissement d'autre part. Les remarques qui suivent concernent donc pour l'essentiel la recherche sur le nématode *C. elegans* et la mouche *D. melanogaster*, mais pas les rongeurs dont la longévité élevée est coûteuse à mesurer. Il est en effet rare que

59. Mabry TR, McCarty R, Gold PE, Foster TC (1996). Age and stress history effects on spatial performance in a swim task in Fischer-344 rats. *Neurobiology of Learning and Memory,* **66** : 1-10.

60. Le Bourg E, Lints FA, Fresquet N, Bullens P (1993). Review. Hypergravity, aging, and longevity in *Drosophila melanogaster. Comparative Biochememistry and Physiology A,* **105** : 389-396.

les chercheurs travaillant avec des rongeurs se contentent de mesurer leur longévité, mais cela peut arriver[61].

Un second problème peut se présenter quand le chercheur va considérer, indépendamment du fait qu'il va réaliser ou non des mesures d'autres traits que la longévité, que le vieillissement et la longévité sont la même chose. Par exemple, un article a comme titre « Le gallate de propyle retarde la sénescence chez *Drosophila melanogaster*[62] » et un autre « Une mutation de la succinate déshydrogénase-cytochrome b est la cause du stress oxydant et du vieillissement chez les nématodes[63] ». Dans ces articles, les auteurs ont étudié la longévité mais aucun indice permettant de savoir si les animaux vieillissent plus ou moins vite. Les titres de leurs articles montrent bien qu'ils considèrent, implicitement ou explicitement, une variation de la longévité comme étant aussi une variation du vieillissement : quand la longévité diminue, le vieillissement est plus rapide, et quand elle augmente, il est ralenti. En somme, vieillissement et longévité seraient strictement équivalents, mais ce n'est pas le cas.

Au niveau de la simple anecdote, on peut faire remarquer que deux personnes qui meurent à 90 ans peuvent avoir vécu des vieillesses très différentes, la première étant morte en faisant sa course à pied matinale, et la seconde dans son lit car grabataire depuis plusieurs années. Il en est de la vie comme du cinéma : connaître la longueur d'un film ne donne aucune information sur son contenu et il ne viendrait à l'idée de personne de sélectionner les films qu'il souhaite voir en se basant sur leur longueur, un film long étant forcément un bon film. Pourtant, c'est bien le raisonnement que peuvent faire certains chercheurs quand ils s'intéressent au vieillissement.

En allant plus loin, il est maintenant souligné par plusieurs auteurs que les études, en particulier sur la mouche, doivent prendre en compte

---

61. Caratero A, Courtade M, Bonnet L, Planel H, Caratero C (1998). Effect of a continuous gamma irradiation at a very low dose on the life span of mice. *Gerontology,* **44** : 272-276.

62. Ruddle DL, Yengoyan LS, Miquel J, Marcuson R, Fleming JE (1988). Propyl gallate delays senescence in *Drosophila melanogaster. Age,* **11** : 54-58.

63. Ishii N, Fujii M, Hartman PS, Tsuda M, Yasuda K, Senoo-Matsuda N, Yanase S, Ayusawa D, Suzuki K (1998). A mutation in succinate dehydrogenase cytochrome b causes oxidative stress and ageing in nematodes. *Nature,* **394** : 694-697.

l'état physiologique des animaux au cours de leur vieillissement, même si cela est plus difficile que mesurer la longévité. De fait, certaines études montrent que des changements comportementaux liés à l'âge sont liés à la longévité, alors que d'autres non. Par exemple, on observe qu'un gène ou un traitement augmentant la longévité retarde aussi le vieillissement comportemental, mais d'autres études ne montrent pas une telle relation[64]. La mesure du comportement s'avère donc très utile puisqu'elle nous permet de décrire comment vit l'animal, et pas seulement combien de temps il vit. D'autres mesures, comme la résistance à différentes agressions (chaleur, froid, inanition, dessiccation, infection, stress oxydant, *etc.*) permettent de mieux caractériser l'état physiologique des animaux quand ils vieillissent[65]. Pour ces études aussi, il est inexact de conclure qu'une longévité plus grande sera forcément synonyme d'une meilleure résistance à ces agressions puisque cela est observé dans certains cas mais pas dans d'autres. Par exemple, la surexpression du gène de la catalase[66] augmente la résistance au stress oxydant, mais n'a pas d'effet sur la longévité[67]. Il existe d'autres exemples montrant une déconnection de la variation de la longévité et de la résistance aux agressions[68] même si ces études ne sont pas toujours effectuées à des âges avancés.

4.6. Conclusions

Les précédents paragraphes ont montré les pièges qui guettent le biogérontologue. S'il veut tomber dans tous ces pièges il peut, par

64. Grotewiel MS, Martin I, Bhandari P, Cook-Wiens E (2005). Functional senescence in *Drosophila melanogaster. Ageing Research Reviews,* **4** : 372-397.

65. Voir par exemple : Le Rohellec M, Le Bourg E (2009). Contrasted effects of suppressing live yeast from food on longevity, aging and resistance to several stresses in *Drosophila melanogaster. Experimental Gerontology,* **44** : 695-707.

66. La catalase catalyse la réaction de dismutation de l'eau oxygénée (H_2O_2) en eau et oxygène, selon la réaction : $2\ H_2O_2 \rightarrow 2\ H_2O + O_2$.

67. Mockett RJ, Bayne ACV, Kwong LK, Orr WC, Sohal RS (2003). Ectopic expression of catalase in *Drosophila* mitochondria increases stress resistance but not longevity. *Free Radical Biology and Medicine,* **34** : 207-217.

68. Voir par exemple : Le Bourg E (2001). Oxidative stress, aging and longevity in *Drosophila melanogaster. FEBS Letters,* **498** : 183-186.

exemple, mesurer un trait dont l'expression est déterminée par un autre (exemple : mesurer la vitesse de locomotion des mouches alors qu'on croit mesurer leur phototaxie) et n'utiliser que deux groupes d'âge dans une étude transversale, ceci sans chercher à savoir s'il y a une relation du trait mesuré avec la longévité. Il peut bien sûr y ajouter un mauvais traitement statistique et l'absence de réplication de l'expérience, tout en terminant son article par des conclusions retentissantes, ce qui, il est vrai, ne s'applique pas seulement à la biogérontologie. Si son modèle animal le permet, il peut aussi faire une simple étude de la longévité (sans réplique) et conclure que son expérience montre un effet sur le vieillissement. De telles études existent, contribuant à l'encombrement des revues scientifiques pour un bénéfice scientifique souvent fort maigre, mais on peut facilement éviter ces pièges.

5. *L'étude de la longévité*

Il est rare que les études sur l'humain s'intéressent à la longévité, et cela simplement pour des raisons pratiques. Par définition, connaître la longévité d'un groupe de personnes implique que ces personnes soient mortes, et donc d'attendre une centaine d'années après leur naissance. On peut alors calculer la longévité de ces cohortes, soit en recourant à des registres d'état civil, ou paroissiaux pour les époques anciennes[69], soit en recourant à la méthode dite des générations éteintes[70] qui permet à l'échelle d'un pays de calculer les taux de mortalité y compris aux âges les plus élevés. Les démographes calculent aussi les espérances de vie à la naissance chaque année[71], c'est-à-dire la longévité que pourrait espérer atteindre un enfant né une année donnée s'il était soumis tout au

69. Voir des exemples dans Le Bourg E (2007). Does reproduction decrease longevity in human beings? *Ageing Research Reviews,* **6** : 141-149.

70. Vincent P (1951). La mortalité des vieillards. *Population,* **6** : 181-204.

71. Voir par exemple un détail du calcul dans Véron J (2005). *L'espérance de vivre. Âges, générations et sociétés.* Paris, Éditions du Seuil, ou l'animation sur le site de l'Institut national d'études démographiques intitulée : Comment mesure-t-on l'espérance de vie ? (http://www.ined/tout_savoir_population/animations/esperance_vie/).

long de sa vie aux conditions de mortalité de cette année. On se rend compte que ce type d'études demande des moyens certains.

Comme les démographes, les épidémiologistes peuvent avoir à estimer l'espérance de vie des personnes dans des conditions où leur date de naissance peut varier, mais ils perdent de vue certains sujets en cours d'étude (déménagement, refus de continuer à participer, *etc.*) et ne relèvent la mortalité que pendant quelques années, ce qui impose de recourir aux méthodes de l'analyse de survie, comme par exemple les modèles des risques proportionnels de Cox[72]. Les modèles de survie permettent en effet de tenir compte des données « censurées à droite », c'est-à-dire des individus dont on sait qu'ils étaient vivants jusqu'à une certaine date, mais qui sont perdus de vue ensuite. Par exemple, les modèles de survie permettent de calculer l'espérance de vie d'ex-fumeurs en fonction de l'âge auquel ils arrêtent de fumer[73]. Quoi qu'il en soit, les épidémiologistes ne s'intéressent généralement pas à la longévité de leurs sujets (l'échelle de temps de leurs études est bien plus courte), mais plutôt à leurs risques de décès en fonction de différentes variables (fumeur/non fumeur, proportion de survivants après un cancer, *etc.*).

En biogérontologie, la situation est très différente car le biogérontologue s'intéresse à la longévité d'animaux dont la date de naissance est généralement connue, sauf si on travaille sur des animaux prélevés dans la nature à un âge inconnu. C'est par exemple le cas dans une étude sur la reproduction des babouins[74]. De plus, les chercheurs commençant souvent leur étude de la longévité à la naissance des individus, cela veut dire que, généralement, ils connaissent les conditions d'élevage ou élèvent eux-mêmes leurs animaux d'expérience. La perte d'animaux pour des raisons accidentelles est généralement faible en cours d'expérience, ce qui permet de ne pas avoir à tenir compte de la « censure à droite »

72. Voir un excellent livre accessible à tout biologiste : Kleinbaum DG, Klein M (2005). *Survival analysis. A self-learning text. Second edition.* New York, Springer.

73. Le Bourg E (2006). *Le vieillissement : faits, peurs et fantasmes.* Vuibert, Paris, 30-31.

74. Rhine RJ, Norton GW, Wasser SK (2000). Lifetime reproductive success, longevity, and reproductive life history of female yellow baboons (*Papio cynocephalus*) of Mikumi National Park, Tanzania. *American Journal of Primatology,* **51** : 229-241.

des données de longévité. La perte d'individus peut toutefois avoir lieu mais rester inconnue quand par exemple on travaille sur des drosophiles qui peuvent s'envoler sans que l'expérimentateur ne s'en rende compte, mais ces pertes sont généralement très faibles et se produisent surtout à un âge jeune, ce qui limite les biais statistiques[75]. En résumé, l'expérimentateur dispose de (presque) toutes les données de longévité des animaux qu'il utilise, ce qui peut grandement faciliter leur analyse (*cf. infra*). Toutefois, avant d'analyser les résultats de longévité, voyons comment les calculer.

5.1. Mesurer la longévité et la mortalité

La longévité est la différence entre les dates de mort et de naissance des animaux. Chez les mammifères, il s'agit de la durée séparant la parturition de la mort. Chez la drosophile, qui est un insecte holométabole, c'est-à-dire ayant des stades larvaires morphologiquement différents du stade adulte, contrairement aux arthropodes amétaboles comme les araignées qui font des mues, la date de naissance est généralement considérée comme étant l'émergence de la pupe de l'adulte ailé (l'imago). En toute logique, il faudrait donc ajouter à la longévité de l'adulte la durée de développement qui est d'environ 9 jours à 25 °C, mais peu de chercheurs le font, puisque cette durée de développement varie peu et que les animaux sont généralement récoltés dans un intervalle de 24 heures. Chez le ver nématode *C. elegans*, la longévité est aussi mesurée depuis le début du stade adulte, c'est-à-dire après le quatrième stade larvaire, soit environ 35 heures après la ponte.

Mesurer la longévité implique de décider de l'intervalle entre les mesures. Chez les rongeurs vivant plus de deux ans, venir au laboratoire tous les jours (y compris en fin de semaine) pour relever le nombre de morts et entretenir les cages est la règle.

---

75. Plus un animal est perdu à un âge avancé, plus cela diminue la longévité moyenne, puisqu'on a justement perdu un animal vivant longtemps. En revanche, perdre un animal jeune a moins d'impact puisque cet animal aurait pu vivre longtemps ou non. Par chance, les mouches âgées sont peu réactives, ce qui limite le risque qu'elles s'envolent à ces âges.

Chez la drosophile, qui vit environ 2 mois, des relevés quotidiens devraient aussi être la règle, mais certains laboratoires ne mesurent la longévité que 3, voire 2 fois par semaine, lors du renouvellement du milieu nutritif des mouches. Ne pas mesurer la longévité tous les jours, y compris les fins de semaine et jours fériés, augmente l'incertitude des mesures, et ceci d'autant plus que les mouches vivent peu de temps. En effet, les animaux morts depuis la mesure précédente se voient affecter une longévité qui peut être supérieure à la réalité, jusqu'à 3 jours de plus pour ceux morts juste après le dernier relevé si on ne fait que deux relevés par semaine, et l'erreur sera d'autant plus importante que la longévité sera basse : une mouche morte à 4 jours dont la mort est observée à 7 jours voit sa longévité majorée de 75 % alors qu'une autre morte à 67 jours et observée à 70 jours voit sa longévité majorée de 4 %. L'erreur sur la mesure de la longévité dépendra donc de la longévité réelle et cela risque d'obérer les résultats de l'analyse statistique de la longévité, en particulier si les différences entre les groupes observés sont faibles, c'est-à-dire inférieures ou proches de l'erreur des mesures, et si la longévité moyenne est faible. Comme l'impact de l'erreur de mesure sera d'autant plus faible que la longévité sera élevée et que la différence de longévité entre les groupes sera importante, on comprend que certains laboratoires se contentent de faire 3, voire 2 relevés de longévité par semaine. Quoi qu'il en soit, la semaine comptant 7 jours, faire 2 ou 3 relevés par semaine pose aussi le problème de la variation de l'intervalle de mesure, soit 3 et 4 jours si on fait deux relevés par semaine. Pour toutes ces raisons, il est préférable de faire des relevés de longévité quotidiens, y compris en fin de semaine.

Chez le nématode *C. elegans,* qui ne vit que 3 semaines, les relevés quotidiens de la longévité sont aussi la règle.

Dans la suite, nous allons nous intéresser à la longévité et à la mortalité. L'encadré des pages 58 et 59 montre comment utiliser un tableur pour représenter ces données et de nombreux exemples de données de longévité sont disponibles dans d'autres ouvrages[76]. Nous verrons aussi les problèmes qui peuvent se poser quand on s'intéresse à la longévité.

---

76. Voir par exemple Arking R (1998). *Biology of aging. Second edition.* Sinauer Associates, Sunderland.

5.2. Représentation graphique des données de longévité

À partir des données de longévité obtenues, on peut construire des courbes de survie et de mortalité en fonction de l'âge. En début d'expérience tous les animaux sont vivants puis, au fur et à mesure, leur nombre décroît jusqu'à l'extinction de la cohorte : cette décroissance sera représentée sous la forme d'une courbe de survie (mais elle peut aussi l'être sous la forme de graphes de Kaplan-Meier, *cf. infra*). Soit par exemple un groupe de 1 000 animaux mourant dans un intervalle de 10 jours, à raison de 100 animaux chaque jour, avec un intervalle entre mesures d'un jour. On peut représenter le nombre de survivants en fonction du temps, qui est appelé la courbe de survie (figure 3) : s'il meurt 100 animaux dans le premier intervalle, il reste 900 individus à l'âge d'un jour. Cette courbe est le plus souvent représentée sous la forme d'un pourcentage de survivants en fonction du temps, et non comme ici sous la forme d'un nombre. Elle peut présenter des paliers si aucun animal ne meurt dans un intervalle donné mais, sinon, elle est forcément décroissante.

Le nombre de décès pour chaque âge est le nombre d'individus mourant dans l'intervalle considéré, qui, dans notre exemple, est une fonction constante puisqu'il meurt le même nombre d'individus pour chaque intervalle de temps (figure 3). Ici aussi, cette courbe est le plus souvent représentée sous la forme d'une fonction de densité de probabilité, ou d'un pourcentage, et non sous la forme d'un nombre.

Le taux de mortalité est ce nombre de décès divisé par le nombre d'individus vivant au début de l'intervalle (figure 3). Si par exemple il meurt 100 individus entre la naissance des animaux et le premier jour de leur vie, le taux de mortalité à cet âge est égal à 100 divisé par 1 000, mais s'il meurt 100 animaux et qu'il n'y avait plus que 100 animaux vivant au début de l'intervalle, le taux de mortalité vaut 1 et est par définition la dernière valeur observée. Les taux de mortalité augmentent généralement avec l'âge, mais pas toujours puisque, par exemple, du fait de la mortalité infantile chez les humains, ils sont plus élevés entre 0 et 1 an qu'entre 1 et 2 ans. Ils peuvent aussi diminuer aux âges les plus élevés[77].

---

77. Carey JR, Liedo P, Orozco D, Vaupel JW (1992). Slowing of mortality rates at older gages in large medfly cohorts. *Science,* **258** : 457-461.

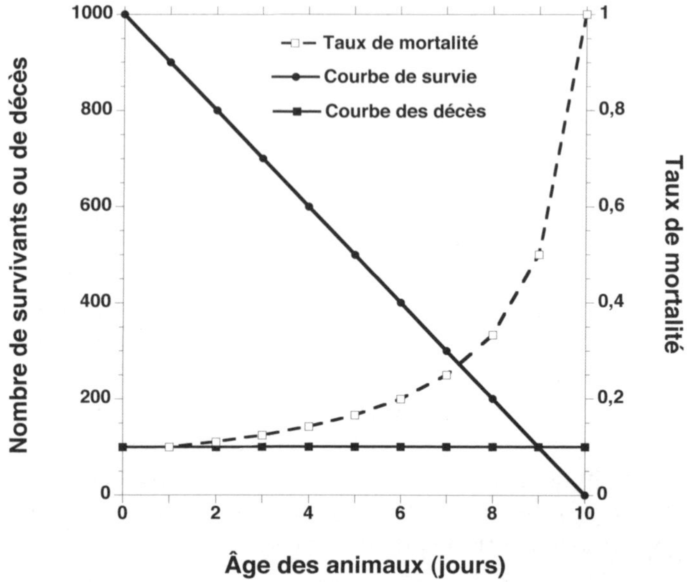

Figure 3 ■ Exemple hypothétique d'une cohorte de 1 000 individus mourant à raison de 100 par jour. Dans cet exemple, la courbe de survie (échelle de gauche) décroît de façon monotone avec le temps et la courbe du nombre de décès (échelle de gauche) est constante. Le taux de mortalité (échelle de droite) augmente avec le temps.

Dans les faits, les courbes ont des formes généralement différentes de celles représentées sur la figure 3, avec la présence d'un plateau sur la courbe de survie en début de vie, quand aucune mortalité n'est observée. La courbe du nombre des décès qui, de fait, n'est que l'histogramme des longévités, a une forme rappelant une courbe en cloche et les taux de mortalité, qui sont souvent une fonction exponentielle du temps, sont représentés sous la forme de leur logarithme népérien : si on observe une droite, c'est que le taux de mortalité est bien une fonction exponentielle du temps. À titre d'exemple, la figure 4 représente les données de 136 drosophiles femelles.

La figure 4 D représente aussi l'espérance de vie à chaque âge, l'espérance de vie à la naissance étant aussi la longévité moyenne de

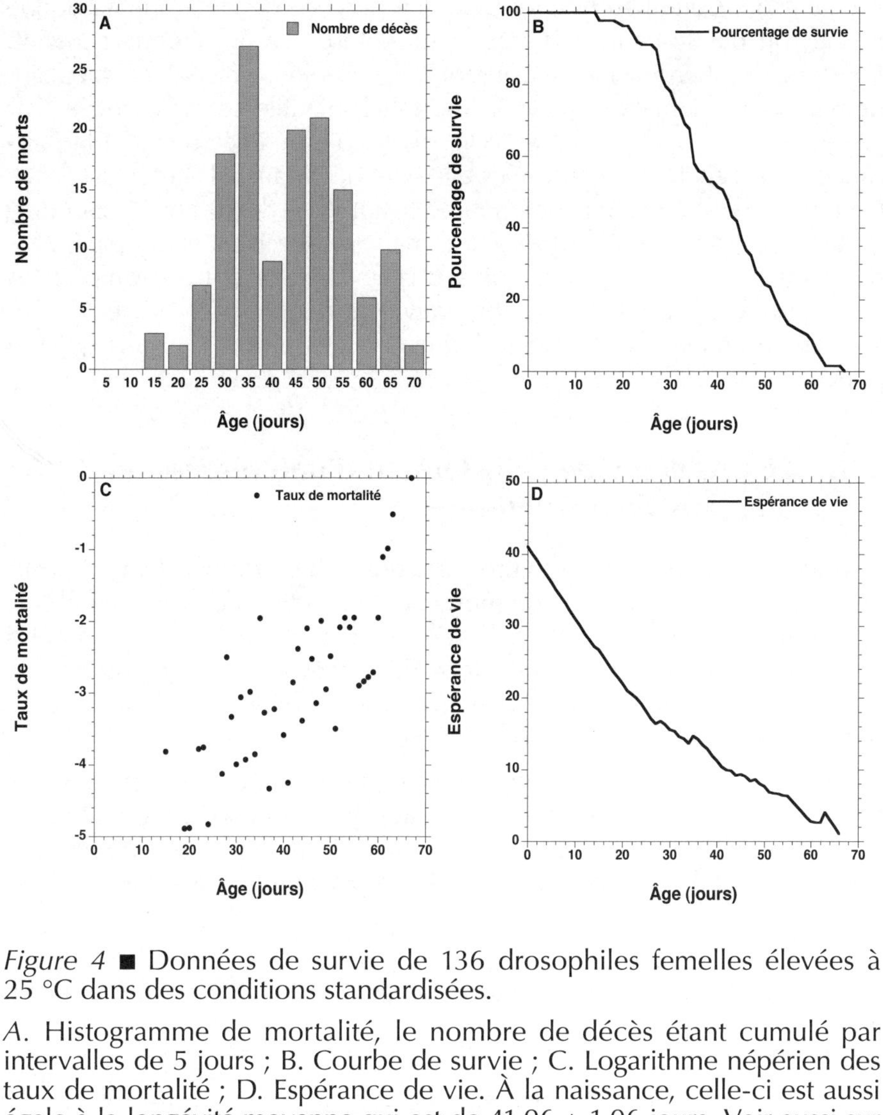

Figure 4 ■ Données de survie de 136 drosophiles femelles élevées à 25 °C dans des conditions standardisées.

A. Histogramme de mortalité, le nombre de décès étant cumulé par intervalles de 5 jours ; B. Courbe de survie ; C. Logarithme népérien des taux de mortalité ; D. Espérance de vie. À la naissance, celle-ci est aussi égale à la longévité moyenne qui est de 41,06 ± 1,06 jours. Voir aussi sur les représentations des données de longévité Carey JR (1999). Population study of mortality and longevity with Gompertzian analysis. *In* : Yu BP (dir.) *Methods in Aging research.* CRC Press, Boca Raton, 3-24.

l'échantillon. Cette figure montre que l'espérance de vie à un âge donné ne décroît pas forcément de façon monotone, ce qui étonne souvent. Pourtant, ce phénomène est courant et s'observe de façon spectaculaire dans l'espèce humaine quand la mortalité infantile est très élevée. Par exemple, en France au XVIIe et XVIIIe siècles, l'espérance de vie à la naissance était d'environ 25 ans, mais elle était de 35 ans à l'âge de 20 ans[78]. Comme la moitié des enfants mourait avant l'âge de 10 ans, l'espérance de vie *à la naissance* était très faible mais, passée l'enfance, l'espérance de vie *à un âge donné* était plus élevée[79]. Dans notre exemple, les personnes atteignant leurs 20 ans pouvaient donc espérer vivre 55 ans, soit les 20 années qu'elles avaient déjà vécues plus les 35 ans qu'elles pouvaient espérer vivre.

5.3. Le problème de l'ajustement d'une régression aux taux de mortalité

Tracer les courbes de la figure 4 ne pose guère de problème, hormis en ce qui concerne les taux de mortalité en fonction de l'âge (figure 4C). L'encadré des pages 58 et 59 a attiré l'attention sur le fait que quand la mortalité est nulle pour un relevé de longévité, il est impossible de calculer son logarithme népérien car ln(0) est indéfini, et il faut donc ne pas tenir compte de ces valeurs indéfinies dans le graphe.

La figure 4C offre la tentation d'ajuster une droite de régression, et cela d'autant plus qu'il a été dit plus haut que les taux de mortalité sont souvent une fonction exponentielle de l'âge; il semble donc évident qu'il doit être possible d'ajuster une telle droite puisque les logarithmes trans-

78. Masset C (2002). À quel âge mouraient nos ancêtres? *Population et Sociétés,* n° 380.

79. Cet apparent paradoxe d'une plus grande espérance de vie alors qu'on est plus vieux s'explique aisément par un simple calcul. Imaginons que 30 % d'une population humaine meure avant l'âge d'un an et que les 70 % restants vivent tous exactement 60 ans. L'espérance de vie à la naissance est donc de : $(30 \times 0 + 70 \times 60)/100 = 42$ ans. Si on calcule l'espérance de vie à l'âge d'un an, celle-ci est de 59 ans, 40 % plus élevée qu'à la naissance, puisque les enfants morts avant l'âge d'un an ne sont plus pris en compte dans le calcul.

forment les exponentielles en droites. Ainsi, la loi de Gompertz[80] qui décrit l'évolution avec l'âge des taux de mortalité s'écrit :

$$q_x = q_0 \, e^{bx}$$

Dans cette équation, q_x est le taux de mortalité à l'âge x, q_0 est le taux de mortalité à l'âge 0 ou mortalité initiale, b est l'augmentation des taux de mortalité en fonction de l'âge qui est une constante. La loi de Gompertz indique donc que le taux de mortalité augmente avec le temps de manière exponentielle. Si on applique un logarithme népérien à cette équation, on linéarise l'exponentielle et on obtient :

$$\ln(q_x) = \ln(q_0) + bx$$

Cette équation est une droite, puisque $\ln(q_0)$ est une constante. Pourtant, ajuster une droite de régression aux taux de mortalité n'est pas toujours une bonne idée. En effet, le taux de mortalité minimal est 1/n où n est l'effectif à l'âge 0. Si n = 10, le taux de mortalité minimal est de 1/10 (et $\ln(10^{-1}) = -2{,}30$), mais s'il est égal à 1 000 il est de 1/1 000 ($\ln(10^{-3}) = -6{,}91$). Il s'ensuit que la courbe de la figure 4C est bornée dans sa partie inférieure à ln(1/136) = –4,91. Si des morts précoces sont observées, une régression linéaire tendra à faire diminuer la pente de la droite de façon plus importante si l'effectif de départ est faible que s'il est élevé et ainsi, d'une part, à surestimer l'ordonnée à l'origine, c'est-à-dire q_0 et, d'autre part, à faire augmenter l'âge de la mort du dernier survivant tel qu'on pourrait l'estimer à partir de la droite de régression.

Dans ces conditions, afin de limiter le problème, il serait souhaitable d'augmenter l'effectif, ce qui n'est pas toujours possible. Pour pouvoir comparer les taux de mortalité de plusieurs groupes d'animaux, on ne peut donc sans risque comparer les droites de régression qui risquent de fournir des résultats biaisés, mais on peut cependant utiliser d'autres méthodes statistiques pour comparer les taux de mortalité[81], ou simple-

80. Gompertz B (1825). On the nature of the function expressive of the law of human mortality, and on the mode of determining the value of life contingencies. *Philosophical Transactions of the Royal Society,* **115** : 513-585.

81. Promislow DEL, Tatar M, Pletcher S, Carey JR (1999). Below-threshold mortality: implications for studies in evolution, evology and demography. *Journal of Evolutionary Biology,* **12** : 314-328.

ment décrire au mieux les courbes de mortalité en recourant à des régressions pondérées, comme le modèle LOWESS (LOcally WEighted regression Scatterplot Smoothing[82]) qui estime localement la meilleure régression possible. Toutefois, cette régression pondérée localement ne peut fournir de paramètres généraux (comme la pente et l'ordonnée à l'origine dans le cas d'une régression linéaire), puisque les courbes sont justement déterminées localement.

La figure 5 illustre la différence qui peut exister entre les résultats d'une régression linéaire ajustée aux taux de mortalité et l'ajustement d'une régression localement pondérée. La droite de régression indique que l'ordonnée à l'origine est de –6,78 et que la pente est de 0,079. À l'origine, le taux de mortalité est donc d'environ 1 ‰, mais comme l'effectif est de 87 mouches, le taux de mortalité le plus faible que l'on puisse mesurer est de 1/87, soit environ 1 %. La régression linéaire donne donc un taux de mortalité initiale (à l'âge 0) qui n'a peut-être pas grande signification. Par ailleurs, la droite de régression croisera l'ordonnée nulle, c'est-à-dire l'âge où meurt le dernier individu, à un âge bien plus élevé que ce qui est observé, 86 jours au lieu de 73, une erreur de près de 20 %. En bref, la droite de régression ne fournit que des renseignements trompeurs. En revanche, la courbe de régression LOWESS décrit mieux l'évolution avec l'âge des taux de mortalité, puisque l'ordonnée à l'origine serait plus proche de ce qu'on observe. De même, la courbe croise l'ordonnée nulle à un âge compatible avec ce qui est observé. Cette meilleure précision se fait donc au détriment du calcul de deux indices simples, l'ordonnée à l'origine (taux de mortalité initiale) et l'abscisse à l'ordonnée nulle (âge du dernier survivant), mais quel est l'intérêt de ces indices puisqu'ils sont faux, sinon de donner l'illusion que l'on peut toujours représenter une réalité complexe de façon simple ? Si cette représentation se fait au prix d'une distorsion de la réalité telle qu'elle ne représente plus rien, il est préférable de l'abandonner.

82. Cleveland WS (1979). Robust locally weighted regression and smoothing scatterplots. *Journal of the American Statistical Association,* **74** : 829- 836.

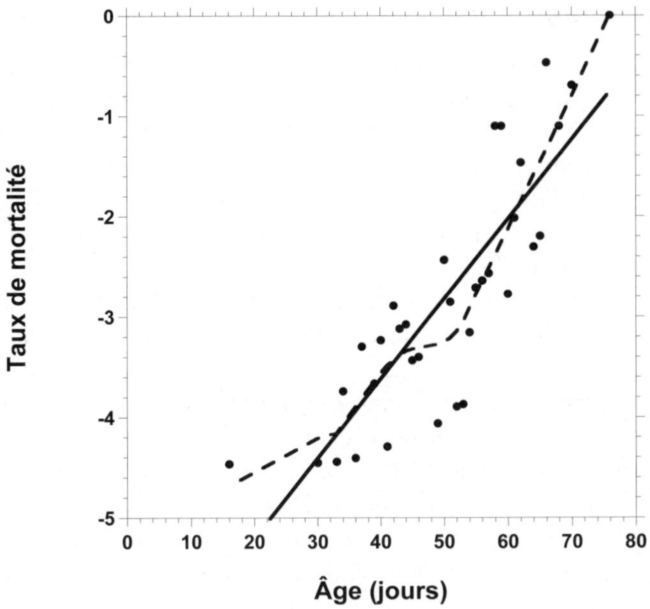

Figure 5 ■ Logarithme népérien des taux de mortalité de 87 drosophiles mâles élevées à 25 °C dans des conditions standardisées. La droite est une régression linéaire ajustée aux taux observés et la courbe en traits discontinus est une régression LOWESS. La droite de régression indique que l'ordonnée à l'origine est de –6,78 et que la pente est de 0,079. La régression LOWESS a utilisé une valeur de 0,5 pour le paramètre f qui fixe le niveau de lissage de la courbe (*cf.* Cleveland WS (1979). Robust locally weighted regression and smoothing scatterplots. *Journal of the American Statistical Association,* **74** : 829-836) : plus f tend vers 1 plus la courbe sera lissée, plus il tend vers 0, plus la courbe sera sensible aux perturbations locales.

5.4. Le problème de l'analyse statistique des données de longévité

Les courbes de survie étant tracées, se pose le problème de leur analyse, c'est-à-dire de savoir si les échantillons observés appartiennent à des populations différentes ou non.

5.4.1. Le test log-rank

Un test très utilisé pour comparer la forme des courbes de survie est le test log-rank. Ce test prend en compte les données censurées et est non paramétrique, c'est-à-dire qu'il ne fait pas d'hypothèse sur l'existence d'une loi sous-tendant les courbes de survie. Il repose sur la comparaison des proportions de survivants observées aux différents âges à la proportion attendue dans le cas où les échantillons appartiendraient à la même population; il indique donc si la forme des courbes de survie est différente. Le test log-rank utilise la représentation de Kaplan-Meier qui est différente de celle de la courbe de survie. En effet, pour représenter une courbe de survie, on joint les points successifs de la courbe de survie en ligne droite (par exemple, entre les jours 18 et 19), ce qui revient à dire qu'on estime que les individus meurent à n'importe quel moment entre deux mesures, les intervalles entre deux mesures n'existant que pour des raisons pratiques. Dans une représentation de type Kaplan-Meier, on considère que les individus meurent au moment du relevé de longévité[83]. De ce fait, entre deux relevés, il n'y a pas lieu de joindre les points successifs en ligne droite mais plutôt de tracer une courbe en escalier, puisqu'on considère que les individus sont vivants tout au long de l'intervalle entre deux mesures. La figure 6 représente la courbe de Kaplan-Meier pour les mêmes données que la figure 4C.

Le test de log-rank a donc l'avantage d'utiliser l'information des données censurées et d'être non paramétrique, mais il a le grand inconvénient de ne pouvoir prendre en compte qu'un seul facteur, comme par exemple le génotype des individus (par exemple : comparaison de la longévité de 3 mutants chez la souris). Si on veut étudier l'effet d'un deuxième facteur, comme le sexe de ces 3 mutants, le test log-rank ne

83. Ceci s'explique en particulier par le fait que les représentations de Kaplan-Meier prennent en compte les données censurées à droite. Si un individu est perdu de vue après l'âge X, cela veut dire qu'il était vivant au moins jusqu'à cet âge X. De ce fait, on considère que dans l'intervalle de mesure entre l'âge X–1 à X il était présent, alors que dès l'âge X passé il est considéré comme absent : cela est plus compatible avec une fonction en escalier qu'une fonction continue.

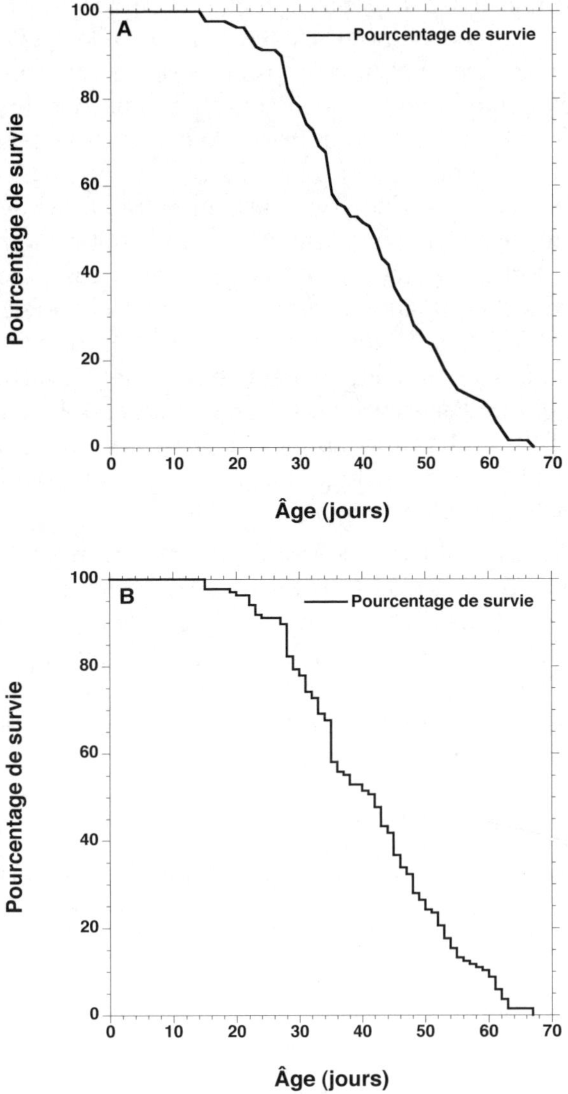

Figure 6 ■ Données de survie de 136 drosophiles femelles élevées à 25 °C dans des conditions standardisées.
A. Courbe de survie ; B. Courbe de Kaplan-Meier.

peut plus être utilisé[84]. On pourrait imaginer de contourner la difficulté en faisant deux tests, dans notre exemple un pour les mâles et un pour les femelles, mais ceci aboutit à ne pas prendre en compte l'interaction éventuelle des deux facteurs, car il serait possible que le génotype ait des effets différents en fonction du sexe. Pour vérifier l'effet du sexe dans chaque génotype, on pourrait ensuite faire un test log-rank comparant les deux sexes dans chaque génotype, afin de mettre en évidence une interaction entre le sexe et le génotype. Ceci conduirait donc à faire 5 tests successifs : un test comparant l'effet du génotype dans chaque sexe, soit 2 tests, puis un test comparant l'effet du sexe dans chaque génotype, soit 3 tests, ce qui fait 5 tests au total et augmente donc fortement l'erreur de type 1, c'est-à-dire la possibilité de détecter un effet significatif alors qu'il n'existe pas, puisque l'erreur de type 1 augmente avec le nombre de tests que l'on calcule[85]. Cette procédure est à proscrire formellement et il ne faut donc pas utiliser le test log-rank quand le protocole expérimental prend en compte plus d'un facteur[86].

Pour prendre un seul exemple de ce qu'il ne faut pas faire, une étude chez la drosophile calcule 12 tests log-rank successifs pour vérifier l'effet de la surexpression d'un gène dans deux génotypes, en fonction de la dilution du milieu nutritif (6 niveaux de dilution), soit un test par niveau de dilution testant l'effet de la surexpression dans chaque génotype. Toutefois, malgré ces nombreux tests, on ne peut pas savoir s'il y a des interactions significatives entre les trois facteurs[87]. Une simple analyse

84. Il existe toutefois la possibilité de faire un test log-rank en contrôlant l'effet éventuel d'un second facteur, le test « log-rank stratifié », ce qui permet de savoir si les courbes de survie sont similaires pour tous les niveaux de ce second facteur. Le problème de cette procédure est qu'elle implique une réduction du nombre d'individus pris en compte dans les calculs puisque ceux-ci sont exécutés pour chaque niveau du second facteur pris en compte : voir Kleinbaum DG, Klein M (2005). *Survival analysis. A self-learning text. Second edition.* New York, Springer.

85. Voir sur les problèmes de l'erreur de type 1 en gérontologie : Le Bourg E (1996). Correlational analysis in comparative gerontology: An examination of some problems. *Experimental Gerontology,* **31** : 645-653.

86. Pour plus d'informations sur le test log-rank, voir Kleinbaum DG, Klein M (2005). *Survival analysis. A self-learning text. Second edition.* New York, Springer.

87. Voir la table 2 (mais aussi les autres) dans Giannakou ME, Goss M, Partridge L (2008). Role of dFOXO in lifespan extension by dietary restriction in *Drosophila melanogaster*: not required, but its activity modulates the response. *Aging Cell,* **7** : 187-198.

de la variance à trois facteurs (effet de la surexpression du gène, effet du génotype, effet de la dilution du milieu nutritif) avec calcul de leurs interactions aurait permis de dire si chacun de ces facteurs et chaque interaction de premier ordre (exemple : l'effet de la surexpression du gène est-il le même dans les deux génotypes ?) ou celle de second ordre (interaction entre les trois facteurs) avaient un effet, et ceci sans augmenter de 12 fois le risque de type 1. Augmenter ce risque dans de telles proportions implique, au minimum, de diviser par 12 le seuil minimal à retenir pour décider si le résultat est significatif ($p = 0{,}004$ au lieu de $p = 0{,}05$)[88], mais les auteurs de cette étude retiennent cependant le seuil habituel de $p = 0{,}05$. On voit sur ce simple exemple, un parmi d'autres[89], que le choix de la mauvaise méthode statistique peut ruiner totalement une étude, quel que soit par ailleurs le soin qui a été apporté à la réalisation des expériences, simplement parce qu'on ne sait pas au final si les effets des différents facteurs étudiés sont significatifs ou non.

5.4.2. L'utilisation des modèles linéaires généralisés

Le biogérontologue, contrairement à l'épidémiologiste, n'est généralement pas confronté aux données censurées et on peut donc se poser la question de la pertinence de recourir aux modèles utilisés pour l'analyse de survie, et en particulier aux modèles de Cox. Ces modèles, extrêmement puissants, permettent d'analyser les données de survie, censurées ou non, en incluant autant de facteurs que l'on souhaite et sont incontournables en épidémiologie. Ils font l'hypothèse que les effets des facteurs

88. Cette correction dite de Bonferroni peut être nettement affinée en recourant à la correction séquentielle de Bonferroni : voir Rice WR (1989). Analyzing tables of statistical tests. *Evolution,* **43** : 223-225.

89. En guise de second exemple de ce qu'il ne faut pas faire, des auteurs étudiant l'effet d'un produit sur la longévité de nématodes soumis à deux régimes alimentaires différents calculent d'abord deux tests log-rank pour évaluer l'effet du produit dans chacun des régimes alimentaires puis, ensuite, avec les mêmes données, font une analyse de variance à deux dimensions pour savoir si les deux facteurs présentent une interaction significative : l'analyse de variance suffisait et les tests log-rank sont donc inutiles. Voir Liao VHC, Yu CW, Chu YJ, Li WH, Hsieh YC, Wang TT (2011). Cucurmin-mediated lifespan extension in *Caenorhabditis elegans. Mechanisms of Ageing and Development,* **132** : 480-487.

sont multiplicatifs sur les risques de décès, ce qui permet de conclure par exemple que les risques de décès des fumeurs sont 30 fois plus importants que ceux des non-fumeurs (données fictives). Pour utiliser les modèles de Cox, il faut faire l'hypothèse que les risques sont proportionnels (les fumeurs meurent 30 fois plus que les non-fumeurs) mais qu'ils ne dépendent pas de l'âge (le risque des fumeurs est 30 fois plus élevé qu'ils aient 20, 50 ou 80 ans). Un des inconvénients des modèles de Cox est donc la nécessité de vérifier *a posteriori* qu'on a le droit de les appliquer pour chaque variable introduite dans le modèle (le sexe, fumeur/non-fumeur, *etc.*). Il est donc indispensable de tester, par différentes techniques graphiques ou statistiques, que les risques de décès sont proportionnels et ne changent pas en fonction de l'âge, et ceci pour chaque variable introduite. Si cette condition n'est pas remplie, il faut se tourner vers des variantes du modèle de Cox[90]. Au final, la procédure peut sembler un peu lourde, surtout s'il existe d'autres moyens plus simples à mettre en œuvre pour analyser les données de longévité.

Le biogérontologue n'a généralement pas de données de longévité censurées et, comme il réalise des expériences, il ne fait généralement pas varier plus de 3 ou 4 facteurs à la fois, ceci pour de simples raisons pratiques. Par exemple, étudier l'effet de 3 températures d'élevage sur la longévité de 3 souches de drosophiles des deux sexes soumises à 3 types d'éclairement (lumière ou obscurité permanente, ou lumière 12 heures par jour) en utilisant une centaine d'animaux par groupe, à raison de 15 mouches par tube d'élevage, est une expérience avec près de 6 000 animaux qui sera peut-être difficile à gérer. Pourtant, cette expérience ne fait varier que 4 facteurs (sexe, génotype, éclairement, température).

Si l'expérimentateur n'est pas confronté aux données censurées, l'utilisation des modèles linéaires, qui permettent d'étudier l'effet sur la longévité de variables discontinues, comme le sexe ou le génotype, mais aussi de variables continues, comme par exemple le poids des animaux, est possible. Le premier avantage de ces modèles, le plus simple étant l'analyse de la variance, est que les conditions d'utilisation sont souples,

90. Pour plus d'informations sur les modèles de Cox, voir Kleinbaum DG, Klein M (2005). *Survival analysis. A self-learning text. Second edition.* New York, Springer.

puisqu'il suffit que les résidus de l'analyse soient normalement distribués et que les variances soient homogènes, ce qui peut être aisément vérifié. Quand ce n'est pas le cas, les techniques de transformation des données peuvent être utilisées et, quoi qu'il en soit, ces conditions ne sont pas strictes (du moins tant que les modèles ne font pas intervenir des variables continues), en particulier quand les effectifs des différents groupes sont sensiblement égaux[91]. Le second avantage des modèles linéaires est leur richesse, puisqu'ils permettent de combiner des variables continues ou non dans la même analyse, de choisir les interactions entre ces facteurs à inclure dans le modèle, et enfin de calculer une équation linéaire rendant compte des résultats de l'analyse. Cependant, l'interprétation des interactions d'ordre élevé n'est pas toujours aisée. Dans notre exemple sur les drosophiles, il ne sera peut-être pas toujours facile de décrire la signification d'une interaction faisant intervenir les 4 facteurs (sexe, génotype, éclairement, température).

En biogérontologie, il n'y a donc généralement pas de raisons de s'interdire de recourir aux modèles linéaires pour étudier les données de longévité, tout simplement parce que les données des épidémiologistes et des biogérontologues ne présentent pas forcément les mêmes contraintes : les modèles de Cox sont généralement indispensables aux épidémiologistes (ils ont souvent des données censurées), mais ils ne le sont pas aux biogérontologues (ils ont rarement des données censurées). Pourtant, certains biogérontologues considèrent que les données de longévité doivent obligatoirement être analysées grâce aux modèles de survie, comme les modèles de Cox et le test de log-rank, et que les analyses des données de longévité par les modèles linéaires ne sont donc pas valides. Il faut oser leur dire que leur opinion repose plus sur des préjugés que sur une appréciation objective des données à analyser[92]. La longévité étant une variable continue comme les autres, il

---

91. Voir n'importe quel livre de statistiques, par exemple Dagnélie P (2007 et 2011). *Statistique théorique et appliquée.* De Boeck, Bruxelles, ou Zar JH (1984). *Biostatistical analysis.* Prentice-Hall Inc, Englewood Cliffs.

92. Mon expérience personnelle m'a montré qu'il arrive que des chercheurs rejetant l'utilisation des modèles linéaires pour analyser les données de longévité calculent de multiples tests log-rank pour analyser leurs propres données, augmentant ainsi l'erreur de type 1.

n'est pas forcément nécessaire de recourir aux modèles de l'analyse de survie quand ce n'est pas indispensable, mais rien cependant n'interdit de le faire s'ils ont la préférence du chercheur. Toutefois, il faut être conscient que les conclusions que l'on tire des modèles de Cox et des modèles linéaires ne sont pas les mêmes. Un modèle de Cox permettra de conclure, par exemple, que les fumeurs ont un risque de décès X fois plus élevé que les non-fumeurs, alors qu'un modèle linéaire permettra de dire que les fumeurs ont une espérance de vie réduite de X années. Ces deux conclusions sont différentes, mais leurs conséquences pratiques sont cependant les mêmes : « Fumer tue ! ».

5.5. Que veut dire une augmentation de la longévité quand la longévité de départ est faible ?

De nombreuses études mesurent la longévité, en particulier si les espèces utilisées vivent peu de temps. Ces espèces étant généralement des invertébrés, leur longévité est très sensible aux conditions de l'environnement et de ce fait peut varier fortement. Une deuxième cause des fortes variations de la longévité de ces espèces est leur patrimoine génétique. Cette grande variation est à la fois une opportunité et un problème. C'est une opportunité car cela permettra d'espérer des effets très visibles sur la longévité, par exemple d'une mutation ou d'un traitement particulier. C'est aussi un problème, car il ne sera pas toujours facile de savoir si le traitement ou le gène étudié, dont on pense qu'il augmentera la longévité, permet réellement de le faire ou rétablit simplement une longévité normale chez des animaux à la longévité anormalement basse.

Prenons un exemple de l'effet d'un traitement chez la drosophile. Des chercheurs se sont demandé si la restriction de nourriture pouvait augmenter sa longévité, comme elle le fait souvent chez les rongeurs[93]. En utilisant un milieu nutritif constitué essentiellement de sucre et de levure, appelé milieu SY (Sugar Yeast), ils montrent que la dilution de ce milieu augmente la longévité et concluent donc que la restriction de

93. Revue des résultats sur les différentes espèces utilisées dans Le Bourg E (2010). Predicting whether dietary restriction would increase longevity in species not tested so far. *Ageing Research Reviews,* **9** : 289-297.

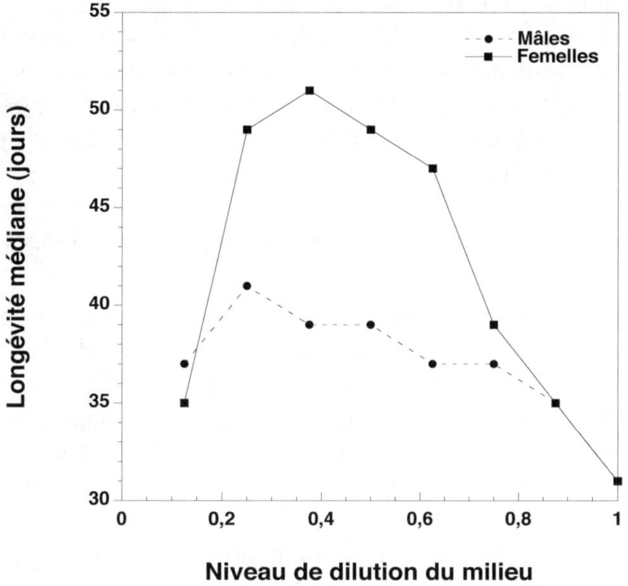

Figure 7 ■ Longévités médianes observées en fonction de la dilution du milieu SY (Sugar Yeast) contenant essentiellement du sucre et de la levure (Magwere T, Chapman T, Partridge L (2004). Sex differences in the effect of food dietary restriction on life span and mortality rates in female and male *Drosophila melanogaster. Journal of Gerontology Biological Sciences,* **59A** : 3-9). Le milieu le plus concentré est représenté par la dilution égale à l'unité.

nourriture augmente la longévité[94], comme chez les rongeurs. Toutefois, la longévité de départ étant très faible, on peut se demander si la dilution du milieu SY n'a pas simplement permis d'obtenir des longévités normales, un effet plus sensible chez les femelles que chez les mâles (figure 7). En effet, d'autres chercheurs ont rajouté de la farine de maïs au milieu SY et la longévité augmente alors fortement, passant respectivement de 35 et 25 jours en moyenne chez les mâles et les femelles

94. Magwere T, Chapman T, Partridge L (2004). Sex differences in the effect of food dietary restriction on life span and mortality rates in female and male *Drosophila melanogaster. Journal of Gerontology Biological Sciences,* **59A** : 3-9.

à 50 et 45 jours[95]. De même, il a été montré que diluer ce milieu SY permet d'obtenir des longévités semblables à ce qu'on observe sur un milieu nutritif contenant de la farine de maïs, mais pas une longévité plus grande[96]. Ces résultats suggèrent fortement que la longévité est basse sur le milieu SY non dilué et que sa dilution permet de retrouver une longévité normale. Il est donc difficile de conclure que la restriction de nourriture augmente la longévité chez la drosophile, comme chez les rongeurs, en se basant sur ces résultats obtenus avec une si faible longévité dans la situation contrôle.

Prenons maintenant un exemple de l'effet d'un gène chez la drosophile. Il a été fait l'hypothèse que la surexpression de la superoxyde dismutase[97] pourrait augmenter la longévité et de nombreux articles ont été publiés, certains concluant en faveur d'une augmentation de la longévité. Toutefois, il a été avancé que les résultats positifs étaient en partie dus à la faible longévité des souches utilisées[98]. En effet, il semble que les résultats soient surtout positifs dans un contexte génétique procurant une faible longévité alors que, dans un contexte génétique donnant une longévité plus élevée, on observe aussi bien des augmentations que des diminutions de la longévité (figure 8). Il semblerait donc que la surexpression de la superoxyde dismutase n'augmente pas la longévité si celle-ci est déjà élevée, ce qui ne va pas forcément dans le sens d'un effet lié au vieillissement, mais plutôt de la diminution des effets délétères d'un certain contexte génétique[99].

95. Bass TM, Weinkove D, Houthoofd K, Gems D, Partridge L. (2007). Effects of resveratrol on lifespan in *Drosophila melanogaster* and *Caenorhabditis elegans. Mechanisms of Ageing and Development,* **128** : 546-552.

96. Shchedrina VA, Vorbrüggen G, Lee BC, Kim HY, Kabil H, Harshman LG, Gladyshev VN (2009). Overexpression of methionine-R-sulfoxide reductases has no influence on fruit fly aging. *Mechanisms of Ageing and Development,* **130** : 429-443.

97. La superoxyde dismutase catalyse la réaction $2\ O_2^- + 2\ H^+ \rightarrow H_2O_2 + O_2$.

98. Orr WC, Sohal RS (2003). Does overexpression of Cu, Zn-SOD extend life span in *Drosophila melanogaster*? *Experimental Gerontology,* **38** : 227-230.

99. Voir aussi Spencer CC, Howell CE, Wright AR, Promislow DEL (2003). Testing an 'aging gene' in long-lived *Drosophila* strains: increased longevity depends on sex and genetic background. *Aging Cell,* **2** : 123-130.

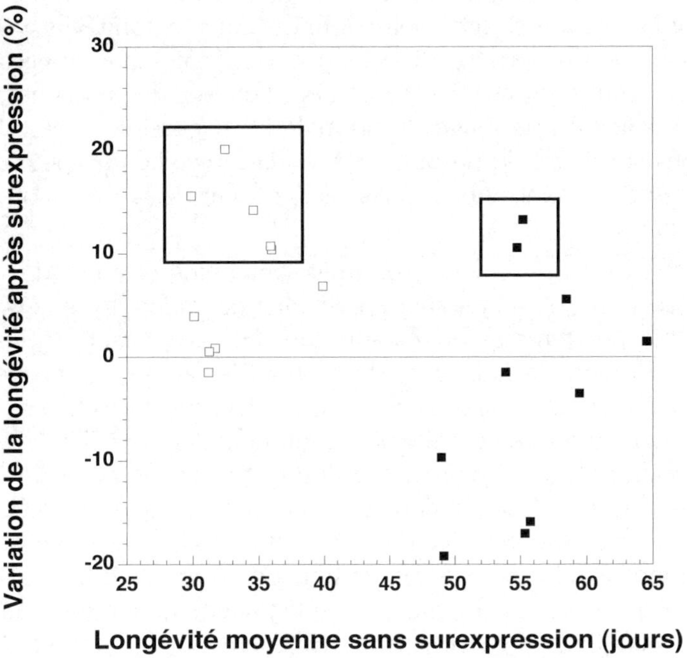

Figure 8 ■ Variation de la longévité de femelles de mouches *Drosophila melanogaster* surexprimant le gène de la superoxyde dismutase dans des souches au contexte génétique différent, l'un donnant une faible longévité (carrés blancs) et l'autre non (carrés noirs). La surexpression du gène est déclenchée par un choc thermique. La longévité en l'absence de choc thermique, donc sans surexpression, est rapportée en abscisses et la variation de la longévité en cas de surexpression en ordonnées. Les augmentations significatives de la longévité sont encadrées sur la figure (5 cas sur 10 pour les souches à faible longévité, 2 cas pour les autres). Données extraites de Sun J, Tower J (1999). FLP recombinase-mediated induction of Cu/Zn-superoxide dismutase transgene expression can extend the life span of adult *Drosophila melanogaster*. *Molecular and Cellular Biology*, **19** : 216-228.

Un dernier exemple, presque caricatural, pourrait être celui d'une étude sur les effets de l'addition du resveratrol[100] dans le milieu nutritif des larves de drosophiles sur leur longévité au stade adulte[101]. Les auteurs utilisent une souche sélectionnée dont la longévité moyenne est très faible (en moyenne, 18 jours pour les mâles ou femelles vivant ensemble). Il eût bien sûr été nécessaire d'utiliser des mouches provenant d'une souche à la longévité normale et, si possible, vierges[102]. Les conclusions sur l'effet du produit testé sur la longévité (qui peut doubler chez les femelles) sont donc inutilisables, du fait de la très faible longévité de départ.

La situation décrite ci-dessus pourrait sans peine être étendue à l'humain. Supposons qu'un traitement particulier augmente fortement l'espérance de vie des femmes en Zambie, un des pays ayant la plus faible espérance de vie à la naissance du monde, la faisant passer d'environ 40 à 60 ans. Comme l'espérance de vie de départ est très faible, il serait erroné de conclure que ce traitement a un effet sur le vieillissement. On peut, sans grand risque, faire l'hypothèse que l'espérance de vie des Françaises à qui on appliquerait ce traitement n'augmenterait pas de 20 ans pour atteindre environ 104 ans. L'effet observé en Zambie serait probablement à relier à une diminution des mortalités infantile, *post-partum*, précoce, *etc.* La conclusion que le traitement augmente la longévité, par un effet sur le processus du vieillissement, ne serait valable que si l'espérance de vie des Françaises qui, elles, n'ont pas une durée de vie écourtée, augmentait aussi de manière importante.

Il en est de même dans les études de biogérontologie : une augmentation de la longévité dans des conditions où celle-ci est basse devrait être confirmée dans des conditions où elle est plus élevée. Par exemple, un séjour de 2 semaines en hypergravité, c'est-à-dire à des niveaux

100. Le resveratrol est un polyphénol présent en particulier dans le raisin. Certains auteurs pensent qu'il expliquerait au moins en partie les effets positifs d'une consommation modérée de vin, *cf.* Le Bourg E (2006). *Le vieillissement : faits, peurs et fantasmes.* Vuibert, Paris, 39-41.

101. Chandrashekara KT, Shakarad MN (2011). *Aloe vera* or resveratrol supplementation in larval diet delays adult aging in the fruit fly, *Drosophila melanogaster. Journal of Gerontology Biological Sciences,* **66A** : 965-971.

102. Chez la drosophile, l'accouplement diminue la longévité.

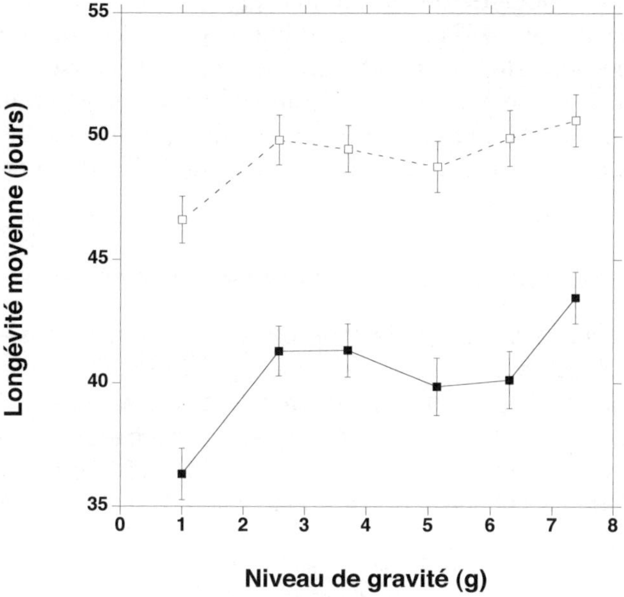

Figure 9 ■ Effets d'un séjour en hypergravité de 2 semaines en début de vie adulte sur la longévité moyenne (± une erreur-standard de la moyenne) de mâles de *Drosophila melanogaster* appartenant à deux souches différant par leur longévité. Données extraites de Le Bourg E, Minois N, Bullens P, Baret P (2000). A mild stress due to hypergravity exposure at young age increases longevity in *Drosophila melanogaster* males. *Biogerontology,* **1** : 145-155.

de gravité supérieurs à la gravité terrestre, augmente la longévité des mouches mâles, et cela que la souche utilisée vive longtemps ou non[103]. Ceci semble montrer que l'effet de l'hypergravité n'est pas seulement observé dans des conditions de faible longévité : les animaux ne font pas que retrouver une longévité « normale » grâce à ce traitement (figure 9).

103. Le Bourg E, Minois N, Bullens P, Baret P (2000). A mild stress due to hypergravity exposure at young age increases longevity in *Drosophila melanogaster* males. *Biogerontology,* **1** : 145-155.

En résumé, en biogérontologie comme en démographie, une augmentation de la longévité dans des conditions où la longévité de départ est faible ne peut être considérée comme un effet réel sur la longévité (voire sur le vieillissement) tant qu'un tel effet n'a pas été confirmé dans des conditions où la longévité du groupe témoin est élevée. Sinon, il est probable que l'effet observé est un rattrapage de la longévité normale.

Représentation des données de longévité

Les données de longévité (non censurées) seront rassemblées dans un document de tableur (Excel, OpenOffice Calc, *etc.*). Voici un exemple sur OpenOffice Calc, dans lequel le nombre d'individus maximal, limité à 149, devra être ajusté si nécessaire (remplacer 150 par une valeur supérieure). Les lignes 4 à 150 seront ajoutées à l'identique de la ligne 3 grâce à la fonction Remplir dans le menu Édition :

	A	B	C	D
1	**Âge**	**Décès**	**Total**	**Survie**
2	0	NB.SI(J$2 : J$150; A2)	B2	((MAX(C$2 : C$150)-C2)/(MAX(C$2 : C$150)))
3	A2+1	NB.SI(J$2 : J$150; A3)	C2+B3	((MAX(C$2 : C$150)-C3)/(MAX(C$2 : C$150)))

	E	F	G	H	I	J
1	**LnMortalité**	**Survivants**	**Lx**	**Tx**	**Ex**	**Long**
2	LN(B2/(MAX(C$2 : C$150)-C2+B2))	(D2*100*C$150)/100	(F2+F3)/2	SOMME (G2 : G$150)	H2/ G2+0.5	
3	LN(B3/(MAX(C$2 : C$150)-C2+B3))	(D3*100*C$150)/100	(F3+F4)/2	H2-G2	H3/ G3+0.5	

Âge : relevés successifs numérotés par ordre croissant (exemple : 0, 1, 2, 3, 4 jours).

Décès : nombre de décès observés à l'âge indiqué dans la colonne A. Cette variable est généralement appelée Dx.

Total : nombre de décès cumulés.

Survie : taux de survie, varie de 1 à 0.

LnMortalité : logarithme népérien du taux de mortalité. Quand il n'y a pas de mortalité un jour donné cette valeur est indéfinie et devra être supprimée avant de représenter graphiquement la variable. On pourrait aussi ajouter au tableau une colonne des taux de mortalité (souvent appelés Qx) sans en prendre le logarithme népérien.

Survivants : nombre de survivants.

Lx : nombre moyen d'animaux survivants au milieu de l'intervalle entre deux relevés.

Tx : nombre total d'unités de temps restant à vivre par les individus vivants au début de l'intervalle entre deux relevés.

Ex : espérance de vie au milieu de l'intervalle entre deux relevés. À l'âge 0, l'espérance de vie est aussi la longévité moyenne.

Long : entrez ici vos longévités (exemple : 10, 52, 23, 6 jours), ce qui déclenche les calculs. À partir de cette colonne on peut aussi calculer la longévité moyenne et son erreur-standard.

Dans une deuxième étape, les colonnes Décès, Survie, LnMortalité et Ex peuvent servir à représenter différentes variables, comme le montre la figure 4 page 41.

Le contexte scientifique de la recherche

1. Pourquoi étudier le contexte de la recherche en biogérontologie ?

La recherche sur le vieillissement se fait, comme toute recherche, dans un certain contexte scientifique. La différence, peut-être, avec d'autres champs est que la biogérontologie est traversée par des débats apparus en dehors d'elle, que ce soit dans une autre discipline scientifique ou dans la société. Ainsi, les démographes, selon le discours qu'ils tiennent sur le vieillissement peuvent interférer avec la manière dont les biogérontologues vont présenter leurs travaux. De même, les généticiens ou autres biologistes qui avancent un discours dans le domaine du vieillissement risquent d'imposer aux biogérontologues de faire des mises au point si ce discours est erroné. Enfin, les médecins qui soutiennent l'idée d'une médecine anti-vieillissement peuvent aussi amener les chercheurs en biogérontologie à prendre position.

Ces réactions des biogérontologues aux interventions dans leur domaine de recherche sont d'autant plus nécessaires que les médias accueillent souvent favorablement les déclarations de scientifiques annonçant, pêle-mêle, que l'espérance de vie à la naissance va bientôt dépasser les 100 ans ou plus (certains démographes), que l'on va bientôt trouver un remède contre le vieillissement (certains biologistes), et que d'ailleurs il est déjà en vente (certains médecins). Quoi qu'il en soit, même si le biogérontologue n'intervient pas pour contredire les déclarations de ses collègues, tout ceci crée une situation qui peut gêner son travail, surtout s'il débute dans le domaine : que doit-il penser d'un biologiste renommé qui vante les antioxydants comme remède au vieillissement, d'un démographe connu qui annonce des longévités extraordinaires, ou d'un médecin réputé qui affirme avoir à sa disposition le moyen de vivre 120 ans ou plus ? Doit-il regarder avec attention chacune de ces prétentions afin d'enrichir sa propre réflexion, ou fait-il mieux de ne pas trop en tenir compte, tout en étant prêt à expliquer à ses collègues ou étudiants ce qu'il faut en penser ? Le présent chapitre vise donc à ce que le lecteur ait des éléments en main pour répondre à cette dernière question et lui éviter de se fourvoyer, en toute bonne foi, dans des impasses scientifiques ou dans ses propres travaux.

Le premier point à avoir à l'esprit est que, le vieillissement ne plaisant à personne, chacun de nous est tenté de s'intéresser aux discours qui nous promettent, pour demain si possible, que la science va permettre de le supprimer ou de le ralentir. De fait, depuis la nuit des temps, les humains ont essayé soit de conjurer l'idée de la mort, soit d'éviter d'y penser car « l'homme ne peut se réconcilier avec la mort comme aboutissement de toute la vie »[104]. Il n'est donc pas étonnant que, depuis la nuit des temps aussi, certains prétendent avoir trouvé le moyen de retarder le vieillissement quand ce n'est pas de le supprimer. En 1749, Buffon raillait dans *De l'Homme* les croyances aux remèdes de son temps[105] et, de fait, on trouve une recette d'élixir de longue vie dans *L'Albert moderne*, ouvrage de 1773[106]. Depuis cette époque, rien n'a vraiment changé[107], et, à chaque époque, des scientifiques (ou d'autres personnes) ont prétendu avoir trouvé le moyen retarder le vieillissement. Aujourd'hui ne fait pas exception, car prétendre avoir trouvé le remède miracle est l'assurance d'une notoriété rapide, même si elle se paie par la

104. Metalnikov S (1937). *La lutte contre la mort.* Gallimard, Paris.

105. Buffon, Leclerc GL (Comte de) (1749). *De l'Homme.* Imprimerie royale, Paris.

106. Anonyme (1773). *L'Albert moderne.* Chez la veuve Duchesne, Paris.

107. Voir l'historique de ces remèdes dans Frexinos J (2006). *Vivre longtemps et rester jeune. Science ou charlatanisme ?* Privat, Toulouse.

désapprobation des autres scientifiques. Cette notoriété sera éphémère, sauf si celui ou celle qui y a cédé est prêt à persévérer dans cette voie de la médiatisation, au prix de l'arrangement avec ce que permettent vraiment de dire les résultats.

On pourrait s'étonner que des scientifiques, gens considérés comme posés, puissent se laisser aller à un enthousiasme démesuré, même quand celui-ci n'est pas le simple paravent d'une recherche frénétique de notoriété ou de nouveaux revenus. Cela peut s'expliquer au moins en partie par une tendance bien humaine à espérer que nous pouvons en toutes circonstances être ou devenir le maître de nos destinées pour notre plus grand bien. Il existe un précédent historique dramatique, celui de la génétique soviétique au temps de Trofim Lyssenko qui promettait en 1948 que ses conceptions offraient « à chaque biologiste le moyen de diriger la nature des organismes végétaux et animaux, de transformer cette nature en vue des nécessités pratiques »[108]. On sait que les conceptions de Lyssenko furent des années plus tard abandonnées en URSS, en particulier à cause de l'absence de résultats dans l'agriculture, mais, au-delà des pressions sur les généticiens soviétiques qui expliquent les ralliements des opposants à ses conceptions[109], il est probable que nombre de scientifiques de l'époque furent séduits, en toute bonne foi, par la promesse de succès pratiques rapides qui ne vinrent jamais : il est toujours plus enthousiasmant de penser que l'on va régler un problème que d'en douter, et cela peut expliquer dans certains cas la tendance à faire des pronostics extraordinaires en biogérontologie.

---

108. Lyssenko T (1949). Rapport de l'académicien T. Lyssenko sur la situation dans la science biologique. *In : La situation dans la science biologique, session de l'Académie Lénine des Sciences agricoles de l'URSS 31 juillet-7 août 1948*. Éditions en langues étrangères, Moscou, 7-44.

109. Voir les « autocritiques » de ces chercheurs dans *La situation dans la science biologique, session de l'Académie Lénine des Sciences agricoles de l'URSS 31 juillet-7 août 1948* (1949). *Éditions en langues étrangères,* Moscou, 563-569.

2. *Vieillissement démographique et biogérontologie*

Les sociétés modernes sont confrontées au vieillissement démographique[110]. Cette notion n'est pas toujours comprise et, en particulier, les biologistes ne sont pas toujours au fait des problèmes démographiques. Cela est pourtant nécessaire au biogérontologue, en particulier parce que l'intérêt nouveau pour les problèmes du vieillissement, que ce soit de la part du grand public, des décideurs, ou des chercheurs n'est pas apparu sans raison. C'est bien l'émergence des problèmes liés à une plus grande proportion de personnes âgées dans nos sociétés qui en est à l'origine. Il est donc nécessaire d'avoir quelques notions sur ces problèmes démographiques, en particulier quand leur incompréhension peut perturber le travail du biologiste. Dans un second temps, des exemples montreront comment les conceptions de certains démographes peuvent avoir un impact sur les biogérontologues.

2.1. Qu'est-ce que la transition démographique ?

L'espérance de vie à la naissance en France au XVIIIe siècle était d'environ 25 ans mais elle était de 35 ans à l'âge de 20 ans[111]. Ce fait qui peut sembler étonnant s'explique par la mortalité infantile effroyable de l'époque, c'est-à-dire le pourcentage d'enfants mourant avant l'âge d'un an, et la mortalité aux jeunes âges. Passée l'enfance, la mortalité diminuait et on avait des chances de vivre vieux si on atteignait l'âge adulte, comme le montre donc l'espérance de vie à l'âge de 20 ans[112].

---

110. Un résumé de la situation démographique en France se trouve dans : Robine JM (2010). La situation démographique de la France : état des lieux et perspectives. *In :* Le Bourg E (dir.), *Retraites, démographie, santé… Vieillir en France aujourd'hui et demain.* Vuibert, Paris, 23-47.

111. Masset C (2002). À quel âge mouraient nos ancêtres ? *Population et Sociétés,* n° 380.

112. Une version plus détaillée de cette partie peut être lue dans Le Bourg E (2008). *Bienvenue chez les vieux ? Pour ne pas faire de l'avenir un cauchemar.* Vuibert, Paris.

Le régime démographique de l'époque se caractérisait par des taux de natalité et de mortalité de l'ordre de 40 ‰, alors qu'ils sont aujourd'hui respectivement de 13 et 9 ‰. Les femmes avaient de nombreux enfants dont beaucoup mouraient rapidement : avoir un nombre d'enfants peu élevé signifiait que le risque qu'aucun n'atteigne l'âge adulte était important. Ce régime démographique, combinant forte natalité et forte mortalité, ne permettait qu'une faible augmentation de la population, puisque la France dans ses frontières actuelles était peuplée, au mieux, par 21 millions d'habitants en 1550 et par 25 millions deux siècles plus tard[113].

Grâce aux progrès de l'alimentation, de la médecine et de l'hygiène, le taux de mortalité a commencé à baisser au XVIIIe siècle, ceci surtout aux âges jeunes. La fécondité a ensuite baissé, les couples changeant leur comportement puisque moins d'enfants mouraient en bas âge. Cette baisse de la natalité n'a pas suivi immédiatement celle de la mortalité parce que les couples ne pouvaient pas savoir si la baisse de la mortalité que chacun constatait était transitoire ou non. Les coutumes et croyances anciennes ont aussi décidé pendant encore longtemps des comportements, en particulier en milieu rural. La contraception, déjà répandue dans les grandes villes françaises au début du XVIIIe siècle, n'a atteint les campagnes que bien plus tard[114]. Ce décalage entre les baisses des taux de mortalité et de natalité explique l'accroissement de la population observé en France et en Europe au cours du XIXe siècle. Cette augmentation de la population a continué un certain temps après la baisse de la natalité puisque les jeunes nés pendant la période de baisse de la natalité étaient plus nombreux que ceux nés auparavant, simplement parce qu'ils ne mouraient plus en bas âge. À l'âge adulte, ils pouvaient donc avoir eux-mêmes des enfants, faisant ainsi encore augmenter la population. Au final, la population française est passée d'environ 28 millions d'habitants à la fin du XVIIIe siècle à 40 millions vers 1900. Une fois ces générations passées, on a assisté vers la fin du XIXe siècle à une stabilisa-

113. Beauvalet-Boutouyrie S (1999). *La démographie de l'époque moderne*. Éditions Belin, Paris.

114. Beauvalet-Boutouyrie S (1999). *La démographie de l'époque moderne*. Éditions Belin, Paris.

tion de la population française qui a duré jusqu'en 1945, si on excepte bien sûr les deux guerres mondiales. Le taux de mortalité a augmenté au XIXe siècle, reflétant le fait que la proportion des personnes âgées de plus de 60 ans était maintenant plus importante (9 % à la fin du XVIIIe siècle et près de 13 % en 1900). La période comprise entre le début de la baisse de la mortalité et la fin de la baisse de la natalité s'appelle la transition démographique.

Vers 1945, et pendant une bonne vingtaine d'années, la natalité a augmenté — le *baby-boom* — ce qui, joint à l'immigration, a provoqué une augmentation de la population, celle-ci passant de 40 à environ 65 millions aujourd'hui. Aujourd'hui, la natalité s'est stabilisée et il naît de 750 000 à 800 000 enfants chaque année. La combinaison des effets de la transition démographique, du *baby-boom*, et de la stabilisation du nombre des naissances a eu des conséquences sur la structure par âge de la population. Alors que les pyramides des âges du régime démographique ancien se caractérisaient par un nombre important de très jeunes enfants et un faible nombre de personnes âgées (figure 10), on observe de nos jours des pyramides avec des effectifs constants pour chaque âge (aux différences du nombre de naissances annuelles près) jusqu'à ce que la mortalité aux âges élevés les fasse diminuer (figure 11). Aujourd'hui, la proportion des personnes de plus de 60 ans est plus élevée qu'en 1900 (environ 21 % contre 13 %), et elle atteindra vraisemblablement 35 % en 2050[115]. Par la suite, aux différences du nombre de naissances annuelles près, ce pourcentage devrait se stabiliser autour de cette valeur.

Ce qui s'est produit en France et dans les autres pays développés est en cours dans les pays en voie de développement qui ont bien entamé leur transition démographique. Au final, d'ici un siècle et demi, la proportion des plus de 60 ans sur notre planète devrait atteindre 30 %, alors qu'elle n'est aujourd'hui que de 10 %[116]. À l'échelle de la planète, la transition démographique semble donc inévitable parce que, lorsque la mortalité infantile baisse, aucune société ne peut continuer bien

115. Robert-Bobée I (2006). Projections de population pour la France métropolitaine à l'horizon 2050. *INSEE Première* n° 1089.

116. Véron J (2005). *L'espérance de vivre. Âges, générations et sociétés.* Éditions du Seuil, Paris.

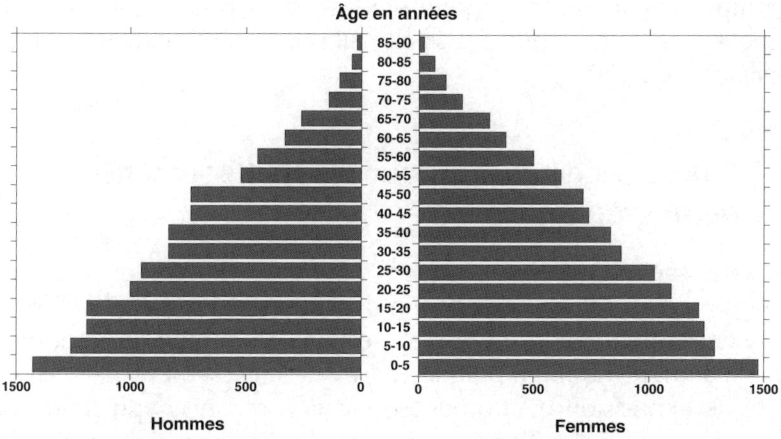

Figure 10 ■ Pyramide des âges de la France en 1750 (redessiné d'après *Population et Sociétés,* n° 346, 1999). Les effectifs en milliers de personnes sont indiqués en abscisses.

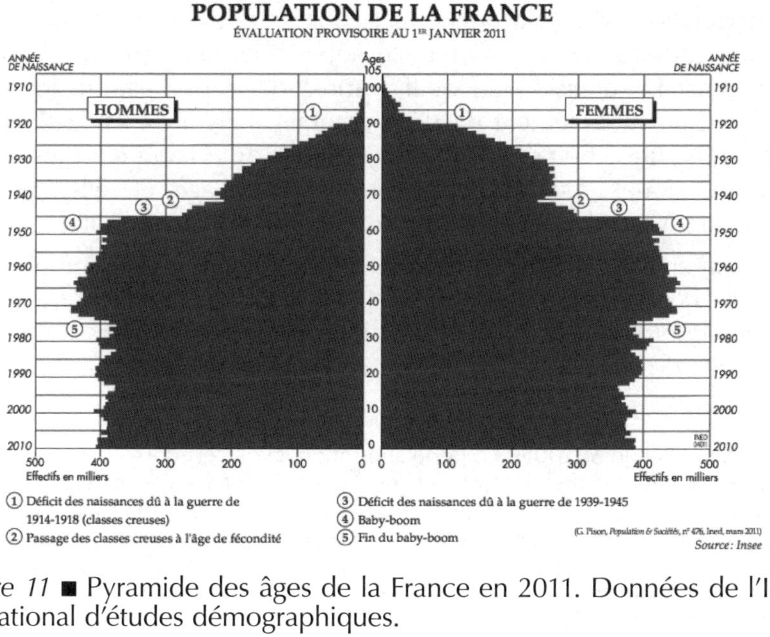

Figure 11 ■ Pyramide des âges de la France en 2011. Données de l'Institut national d'études démographiques.

longtemps à avoir une fécondité élevée : si la population du globe a fortement augmenté depuis un siècle, elle devrait se stabiliser autour de 10 milliards en 2100[117].

2.2. Quelques erreurs autour du vieillissement démographique

Le vieillissement démographique a donné ou donne lieu à des peurs et confusions qu'il n'est pas question d'analyser ici en détail[118]. Toutefois, il convient cependant de dire que certains chercheurs ne parlent pas de vieillissement démographique mais de vieillissement de la population. Cette expression est trompeuse car dire qu'une population avance en âge n'a aucune signification. En effet, le vieillissement caractérise le changement d'un organisme au cours de son avancée en âge, alors que le vieillissement démographique signifie que la proportion des personnes âgées dans une population augmente, mais en aucun cas que les membres de cette population sont atteints d'un vieillissement précoce ! Une population ne vieillit donc pas : appliquer au niveau de la population une caractéristique individuelle comme le vieillissement n'a donc aucun sens. L'expression de vieillissement de la population doit donc être évitée, non seulement en démographie, mais aussi en biologie où elle entraîne une confusion entre les variables que l'on peut mesurer au niveau individuel, comme un changement avec l'âge, et celles que l'on mesure au niveau d'un échantillon, comme un taux de mortalité.

On s'intéresse dans la suite à deux problèmes faisant actuellement l'objet de débats scientifiques qui peuvent avoir un impact sur le travail des biogérontologues, à savoir l'évolution dans les années à venir de l'espérance de vie et de la longévité maximale de l'espèce humaine.

117. Pison G, Belloc S (2005). La population mondiale… et moi ? Une exposition à la Cité des Sciences et de l'Industrie à Paris. *Population et Sociétés* n° 412.

118. D'autres problèmes sont évoqués dans : Le Bourg E (1998). *Le vieillissement en questions*. Paris, CNRS Éditions ; Le Bourg E (2008). *Bienvenue chez les vieux ? Pour ne pas faire de l'avenir un cauchemar*. Vuibert, Paris ; Le Bourg E (2008). Du mauvais usage de mauvais chiffres dans le débat sur le vieillissement de la population. *Retraite et Société*, n° 55, 133-145.

2.2.1. *L'évolution de l'espérance de vie dans les années à venir*

Un problème important auquel peut être confronté le biogérontologue est celui des prévisions de l'évolution de la longévité moyenne car on lui demande parfois son opinion sur le sujet. En effet, certains démographes ont pronostiqué que l'espérance de vie à la naissance pourrait atteindre 100 ans d'ici quelques décennies, ce qui a entraîné de vives critiques de biogérontologues ou d'autres démographes qui en contestent la possibilité[119].

James Vaupel estimait en 1997 que, si la mortalité des personnes âgées continuait à diminuer tous les ans d'environ 2 %, la moitié des Français nés en 1996 pourrait vivre au moins 95 ans, et la moitié des Françaises 100 ans ou plus[120]. En 2002, Jim Oeppen et James Vaupel[121] expliquèrent que l'espérance de vie maximale observée à une époque donnée a augmenté de façon linéaire depuis 1840, et que « un scénario raisonnable serait que cette tendance va se poursuivre dans les prochaines décennies. Si c'est le cas, l'espérance de vie maximale atteindra 100 ans d'ici environ six décennies ». En 2009, Kaare Christensen et ses collègues[122] ont écrit que « la plupart des bébés nés depuis 2000 dans les pays développés vont célébrer leur centième anniversaire si la croissance annuelle actuelle de l'espérance de vie continue au XXIe siècle ». La longévité médiane des Français pourrait ainsi atteindre 102 ans (les deux sexes confondus) pour ceux nés en 2000 et 104 ans pour ceux nés en 2007, la moitié des Japonais nés en 2007 pouvant vivre

---

119. Voir en particulier : Olshansky, SJ et Carnes, BA (2001). *The quest for immortality.* New York, Norton & Co; Carnes BA, Olshansky SJ, Grahn D (2003). Biological evidence for limits to the duration of life. *Biogerontology,* **4** : 31-45; Vallin J Meslé F (2010). Espérance de vie : peut-on gagner trois mois par an indéfiniment? *Population et Sociétés,* n° 473.

120. Vaupel JW (1997). The average French baby may live 95 or 100 years. *In :* Robine JM, Vaupel JW, Jeune B, et Allard M (dir.), *Longevity: to the limits and beyond.* Springer, Berlin, 11-27.

121. Oeppen J, Vaupel JW (2002). Broken limits to life expectancy. *Science,* **296** : 1029-1031.

122. Christensen K, Doblhammer G, Rau R, Vaupel JW (2009). Ageing populations: the challenges ahead. *The Lancet,* **374** : 1196-1208.

107 ans, ce qui est proche de la longévité maximale observée, autour de 115 ans (figure 12). Kaare Christensen et ses collègues n'indiquant pas de limite temporelle à leurs prévisions, il semble donc que l'espérance de vie continuera à augmenter au même rythme pour les cohortes non encore nées.

Nous sommes donc en présence de prédictions fortes qui suggèrent que la longévité moyenne serait sans limite et peut-être aussi la longévité maximale *(cf. infra)* puisque, si le processus d'augmentation de la longévité moyenne n'a pas de limite dans le temps, la longévité moyenne finira par atteindre et dépasser la longévité maximale observée actuellement.

Le problème de ces prédictions n'est pas seulement que, par exemple, la courbe montrant une augmentation linéaire de l'espérance de vie maximale depuis 1840 est biaisée et que, une fois ces biais éliminés, et en étendant l'étude jusqu'en 1750, on n'observe plus d'augmentation linéaire avec le temps, mais plutôt 4 lignes brisées de pente variable[123].

Il n'est pas non plus seulement que cette augmentation « linéaire » de l'espérance de vie mélange ce qui est dû à la baisse passée de la mortalité infantile, qui a provoqué une forte augmentation de l'espérance de vie, et à l'augmentation actuelle de l'espérance de vie des personnes âgées, qui n'en provoque qu'une plus faible.

Il est d'abord que des démographes transfèrent directement dans un domaine relevant de la biologie des méthodes de prévision peut-être plus pertinentes en économie ou en physique. En biologie, l'augmentation linéaire d'un caractère donné avec le temps n'est pas la plus probable et les valeurs observées tendent plutôt vers une asymptote[124]. En effet, sur le long terme, la valeur des caractères biologiques ne résulte pas forcément d'une simple extrapolation des tendances passées : si on avait estimé en 1930 le temps pour parcourir le 100 mètres masculin aujourd'hui en se basant sur l'amélioration des scores entre 1900 et 1930, Usain Bolt n'aurait pas mis 9 secondes et 58 centièmes en 2009, mais moins de

123. Vallin J, Meslé F (2009). The segmented trend line of highest life expectancies. *Population and Development Review,* **35** : 159-187.

124. Berthelot G, Thibault V, Tafflet M, Escolano S, El Helou N, Jouven X, Hermine O, Toussaint JF (2008). The Citius End: world records progression announces the completion of a brief ultra-physiological quest. *Plos One,* **3** : e1552.

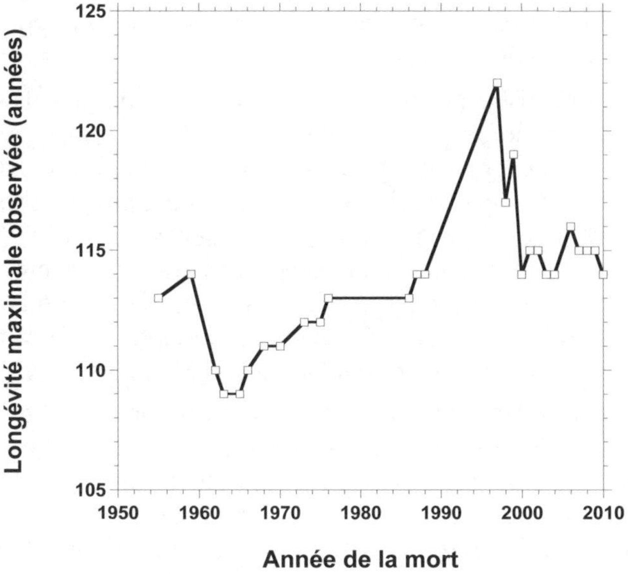

Figure 12 ■ Longévité humaine maximale observée de 1955 à 2010. Les données sont extraites de la table CCCC sur le site internet du *Gerontology Research Group* (http://www.grg.org/) et les cas douteux ne sont pas inclus. La première personne ayant vécu 110 ans mourut en 1932 à l'âge de 111 ans. Le point le plus élevé de la courbe correspond à Jeanne Calment morte en 1997 à 122 ans. Des données sur la longévité maximale sont aussi disponibles sur le site internet de l'*International Database on Longevity* géré par l'Institut Max-Planck pour la recherche démographique de Rostock, Allemagne.

9 secondes. Qui oserait prédire que les athlètes du futur mettront un jour 7, 6 ou 5 secondes pour parcourir le 100 mètres ? Il semble évident que ces scores n'augmenteront plus que faiblement et c'est bien cela que l'on observe actuellement, en admettant que cette amélioration soit due pour l'essentiel à des différences de condition physique des athlètes et non au progrès technique (chaussures, piste, *etc.*). Toutefois, l'existence de limites asymptotiques en biologie ne concerne pas seulement les records sportifs, mais aussi la taille humaine moyenne. Ainsi, la taille masculine moyenne

à l'âge adulte n'augmente plus d'une génération à l'autre dans les pays européens dont les habitants sont connus pour avoir une grande taille, comme l'Allemagne ou le Danemark[125].

Une autre idée sous-jacente de ces prédictions est que la longévité d'un individu dépendrait peu de sa biologie et que, grâce au progrès, elle pourrait augmenter sans fin. En somme, ces hypothèses amènent à admettre qu'il n'existe pas de durée de vie propre à chaque espèce. Une telle idée est étrange pour un biologiste qui sait que la valeur d'un caractère biologique est le résultat d'un compromis évolutif propre à chaque espèce. En particulier, la longévité d'une espèce, c'est-à-dire la longévité maximale en condition de captivité, n'est pas indépendante de ses autres caractéristiques, comme la fécondité, la taille ou le poids.

Chez les mammifères, certaines espèces ont un poids élevé, des petits peu nombreux mais de poids élevé, des durées de gestation et d'allaitement élevées, un intervalle entre portées élevé, un âge à la maturité tardif et une longévité importante[126]. D'autres espèces ont les caractéristiques opposées et il existe tous les intermédiaires. L'éléphant africain vit jusqu'à 70 ans et donne naissance à un seul éléphanteau par gestation à partir de l'âge de 12 ans, la gestation dure 2 ans, le sevrage n'intervient qu'à l'âge de 2 ans, et 4 à 5 ans séparent deux gestations successives. À l'autre extrémité, la souris vit 2 à 3 ans et donne naissance rapidement à des portées d'une dizaine de petits qui seront vite autonomes. La longévité ne varie donc pas d'une espèce à l'autre de façon aléatoire. Une grande longévité n'est pas nécessaire aux espèces qui peuvent se reproduire rapidement et abondamment mais vivre longtemps est indispensable aux espèces ayant peu de descendants qui sont longuement dépendants de leurs parents. Les humains doivent vivre longtemps pour se maintenir en tant qu'espèce, c'est-à-dire au moins 60 ans pour mener à l'âge adulte le dernier enfant né avant la ménopause. Les gains de longévité observés au-delà de cet âge, permis par les progrès sanitaires,

---

125. Komlos J, Lauderdale JE (2007). Underperformance in affluence: the remarkable relative decline in US heights in the second half of the 20th century. *Soc. Sci. Quart,* **88** : 283-305.

126. Stearns SC (1983). The influence of size and phylogeny on patterns of covariation among life-history traits in the mammals. *OIKOS,* **41** : 173-187.

médicaux et sociaux, ne remettent pas en cause ce compromis évolutif qui fait que nous vivons environ 60 ans en moyenne en l'absence de soins particuliers, comme les études de démographie historique le montrent[127]. La longévité des espèces étant dépendante de leurs stratégies reproductives, on voit mal comment une espèce particulière, la nôtre, pourrait s'en affranchir librement. En somme, admettre cette idée revient à ignorer les concepts de la biologie évolutive.

2.2.2. L'évolution de la longévité maximale dans les années à venir

Admettons toutefois que la longévité moyenne dépasse les 100 ans dans les décennies à venir. Une telle prédiction pose forcément le problème de l'évolution de la longévité maximale, c'est-à-dire de la longévité des derniers survivants.

Aujourd'hui l'espérance de vie à la naissance est d'environ 84 ans en France, mais comment pourrait-elle dépasser les 100 ans (107 pour les Japonais nés en 2007, *cf. supra*) si la longévité maximale n'augmente pas ? Cependant, la longévité maximale stagnant autour de 115 ans depuis près d'un siècle[128], hormis un cas exceptionnel à plus de 120 ans (figure 12), et cela malgré l'augmentation de l'espérance de vie à la naissance durant cette période, est-il probable qu'elle va subitement augmenter dans les années à venir ?

Si la réponse à cette dernière question est négative, Jeanne Calment morte à 122 ans passés indiquerait quelle est cette longévité maximale, peut-être à quelques mois près. Dans l'hypothèse où il y aurait à la fois une augmentation de la longévité moyenne et une stagnation de la longévité maximale, la variabilité des âges au décès au-dessus de la valeur modale, c'est-à-dire de l'âge au décès le plus fréquemment observé, devrait diminuer. Depuis près de deux siècles l'âge modal au décès

127. Masset C (2002). À quel âge mouraient nos ancêtres ? *Population et Sociétés*, n° 380.

128. La première personne ayant dépassé les 110 ans est morte en 1932, voir Vaupel JW (1997). The remarkable improvements in survival at older ages. *Philosophical Transactions of the Royal Society of London B*, **352** : 1799-1804.

augmente, puisqu'il était de 70 ans en 1827 pour les Françaises et de 92 ans en 2007[129]. Si la longévité maximale n'augmente pas et que la longévité moyenne augmente, cet âge modal au décès va se rapprocher de plus en plus de la longévité maximale et la variabilité au-dessus de cet âge modal va diminuer. Une telle compression de la mortalité a effectivement été observée dans les pays développés au cours du siècle dernier, l'âge modal au décès augmentant tandis que les derniers survivants mouraient autour de 110-115 ans[130]. Cette variabilité semble maintenant s'être arrêtée de diminuer dans plusieurs pays comme la Suisse, le Japon, la France ou l'Italie[131, 132], ce qui pourrait indiquer que la longévité moyenne est en train de cesser d'augmenter dans ces pays. Si ce n'était pas le cas et que la longévité médiane atteignait 107 ans, comme estimé pour les Japonais nés en 2007[133], sans que la longévité maximale augmente, la moitié des gens mourraient entre les âges de 107 et 115 ans. Cette hypothèse semble peu plausible parce que les variables biologiques comme la taille ou le poids ont une variabilité qui ne peut être réduite au-delà de certaines limites. En ce qui concerne cette autre variable biologique qu'est la longévité, il y a aussi une grande variabilité des durées de vie, et ceci même dans les lignées consanguines de souris élevées au laboratoire ou les jumeaux humains homozygotes[134, 135]. Les courbes de survie de souris consanguines sont ainsi très semblables à celles d'animaux non consanguins, les

---

129. Robine JM (2010). La situation démographique de la France : état des lieux et perspectives. *In :* Le Bourg E (dir.), *Retraites, démographie, santé... Vieillir en France aujourd'hui et demain.* Vuibert, Paris, 23-47.

130. Wilmoth JR (2000). Demography of longevity: past, present, and future trends. *Experimental Gerontology,* **35** : 1111-1129.

131. Thatcher AR, Cheung SLK, Horiuchi S, Robine JM (2010). The compression of deaths above the mode. *Demographic Research,* **22** : 505-538.

132. Robine JM, Cheung SLK (2008). Nouvelles observations sur la longévité humaine. *Revue Économique,* **59** : 941-954.

133. Christensen K, Doblhammer G, Rau R, Vaupel JW (2009). Ageing populations: the challenges ahead. *The Lancet,* **374** : 1196-1208.

134. Finch CE, Kirkwood TBL (2000). *Chance, development, and aging.* Oxford University Press, New York.

135. Kirkwood TBL, Feder M, Finch CE, Franceschi C, Globerson A, Klingenberg CP, LaMarco K, Omholt S, Westendorp RGJ (2005). What accounts for the wide variation in life span of genetically identical organisms reared in a constant environment? *Mechanisms of Ageing and Development,* **126** : 439-443.

individus mourant à des âges très variés[136]. Si même lorsque les individus sont génétiquement identiques la variabilité de la longévité est importante, il semble improbable que les humains, individus génétiquement hétérogènes et connaissant des conditions de vie variées, puissent pour la plupart mourir dans un laps de temps très court.

Par ailleurs, il a été montré qu'au-delà de 110 ans les taux de mortalité ne dépassaient pas 50 % par an[137, 138], c'est-à-dire que la moitié des survivants meurt chaque année. Si la moitié des 800 000 Français nés en 2007 devait vivre au moins 104 ans[139], et que les taux de mortalité au-dessus de cet âge étaient de 50 %, il n'y aurait alors aucun survivant au-delà de 122-123 ans. Une très faible mortalité avant 104 ans, puisque la moitié des 800 000 Français nés en 2007 atteindrait cet âge, serait donc suivie subitement à 104 ans par une mortalité très forte, ce qui semble assez improbable. Bien évidemment, si la longévité moyenne devait augmenter au-delà de 104 ans, la mortalité après l'atteinte de la longévité moyenne devrait augmenter en conséquence et, à l'extrême, on devrait imaginer que toutes les personnes meurent au même moment, par exemple à 115 ans : l'impasse logique semble flagrante.

Il semble donc logique que, si la longévité moyenne devait augmenter au point de se rapprocher de la longévité maximale observée, cette longévité maximale devrait aussi augmenter. Jacques Vallin et Graziella Caselli ont étudié l'hypothèse d'une augmentation de la longévité médiane et de la longévité maximale, dans l'hypothèse où la forme des courbes de survie ne change pas[140]. Avec une espérance de vie de 105 ans, les plus

136. Finch CE, Pike MC (1996). Maximum life span predictions from the Gompertz mortality model. *Journal of Gerontology Biological Sciences,* **51A** : B183-B194.

137. Gampe J (2010). Human mortality beyond age 110. *In :* Maier H, Gampe J, Jeune B, Robine JM, Vaupel JW (dir.), *Supercentenarians.* Springer, Berlin, 219-230.

138. Thatcher R (2010). The growth of high ages in England and Wales, 1635-2106. *In :* Maier H, Gampe J, Jeune B, Robine JM, Vaupel JW (dir.), *Supercentenarians.* Springer, Berlin, 191-201.

139. Christensen K, Doblhammer G, Rau R, Vaupel JW (2009). Ageing populations: the challenges ahead. *The Lancet,* **374** : 1196-1208.

140. Vallin J, Caselli G (1997). Towards a new horizon in demographic trends: the combined effects of 150 years life expectancy and new fertiliy models. *In :* Robine JM, Vaupel JW, Jeune B, et Allard M (dir.), *Longevity: to the limits and beyond.* Springer, Berlin, 29-68.

vieux survivants mourraient à plus de 140 ans, et une espérance de vie de 130 ans impliquerait que les derniers survivants vivraient au moins 160 ans, des valeurs très éloignées de celles jamais observées[141].

On voit donc que l'hypothèse d'une augmentation de la longévité moyenne au-delà de 100 ans pour les générations les plus jeunes a des conséquences sur l'évolution de la longévité maximale. Soit la longévité maximale n'augmente pas, et la moitié de la population vivant au-delà de 100 ans doit mourir dans un intervalle de temps très bref. Soit la longévité maximale augmente, et elle doit atteindre des valeurs jamais observées, même de loin (figure 12), et, qui plus est, dans un intervalle de temps de quelques décennies.

Ces deux hypothèses sur l'évolution de la longévité maximale paraissent aussi fragiles l'une que l'autre et amènent à remettre en cause celle d'une augmentation continue avec le temps de l'espérance de vie à la naissance, simplement parce que ces hypothèses sur la longévité maximale n'en sont que la conséquence logique.

2.3. Conclusions

Les biogérontologues peuvent donc être amenés à rectifier les propos de certains démographes qui négligent la biologie évolutive car les conséquences de ces prédictions de longévités moyenne et maximale ne sont pas minimes pour les biogérontologues.

Au-delà des erreurs conceptuelles décrites ci-dessus qui montrent la non-prise en compte de données de base de la biologie, ce qui évidemment ne facilite pas les relations avec les biogérontologues, vient rapidement le moment où on demande au biogérontologue comment il compte s'y prendre pour faire augmenter l'espérance de vie jusqu'à plus de 100 ans, puisque certains démographes affirment que cela va arriver incessamment. Une telle situation est évidemment source d'embarras pour le biogérontologue s'il n'a pas réfléchi au problème au préalable.

141. Ces auteurs ont aussi étudié l'hypothèse d'une dilatation des âges des décès qui aboutit pour une espérance de vie de 130 ans à une longévité maximale de plus de 200 ans.

Ces prédictions d'une forte augmentation linéaire de l'espérance de vie à la naissance dans les décennies à venir ne sont de plus pas neutres dans le débat social, puisque nous avons vu dans la partie consacrée aux « Risques liés à la recherche en biogérontologie » qu'elles avaient pu être utilisées à l'appui des projets de réforme des retraites. D'autres exemples sont ceux d'un député, médecin connu et ancien ministre, qui écrivait sur son site internet que « dans 30 ans les Français vivront 100 ans »[142], ou encore d'un ministre déclarant lors d'un débat télévisé avec des syndicalistes, lors du conflit des retraites de l'automne 2010, que l'espérance de vie serait de 100 ans en 2030[143]. De telles déclarations, alors que les études de prospective de l'INSEE font l'hypothèse d'espérances de vie des femmes et des hommes, respectivement, de 90 et 84,6 ans en 2050[144], sont un exemple où les préoccupations politiques, qui sont visiblement ici de justifier le durcissement des conditions d'accès à la retraite[145], interfèrent avec le travail des biogérontologues.

Pour toutes ces raisons, il est nécessaire que les biogérontologues s'intéressent à d'autres domaines que le leur propre. En particulier, ce que disent les démographes sur la longévité humaine et le vieillissement doit être écouté par les biogérontologues, à charge pour eux d'avoir une écoute critique.

---

142. Debré B (2010). La retraite, http://www.bernarddebre.fr/actualites/la_retraite_.

143. Déclaration du ministre de l'Industrie Christian Estrosi lors de l'émission *Mots croisés* le 25 octobre 2010 sur *France 2*. Les interlocuteurs de M. Estrosi étaient Laurence Parisot, dirigeante du MEDEF, Bernard Thibault et François Chérèque, dirigeants respectifs des confédérations syndicales CGT et CFDT.

144. Chardon O, Blanpain N (2010). Projections de population 2007-2060 pour la France métropolitaine. *INSEE Résultats*, n° 117 : accessible depuis http://www.insee.fr/fr/publications-et-services/irweb.asp?id=projpop0760.

145. L'autre hypothèse serait que ces responsables économiques et politiques font des déclarations publiques en parfaite ignorance des sujets évoqués, y compris dans un contexte social marqué par des manifestations de centaines de milliers de personnes, comme durant le conflit des retraites de l'automne de 2010. On peine à croire à une telle légèreté, alors que l'information est accessible à tous.

3. *Retarder le vieillissement : quand l'enthousiasme des chercheurs va trop loin*

Certains chercheurs font des déclarations enthousiastes promettant de trouver le remède au vieillissement et des exemples ont été donnés au début du chapitre précédent. L'étude des effets de la restriction de nourriture sur le vieillissement et la longévité va illustrer ce problème, mais il pourrait aussi être illustré, par exemple, par les études sur les effets des antioxydants sur la longévité et le vieillissement.

3.1. Les effets de la restriction de nourriture sur la longévité et le vieillissement

De nombreuses recherches sont entreprises sur les effets de la restriction de nourriture, ou sous-nutrition sans malnutrition, qui est souvent considérée comme étant la seule méthode permettant d'augmenter notablement la longévité chez la plupart des espèces. Par exemple, des auteurs écrivent que « restreindre la nourriture sans malnutrition augmente la durée de vie et réduit le déclin et les maladies liés à l'âge dans pratiquement toutes les espèces »[146]. En fait, c'est inexact car, si la restriction de nourriture augmente très souvent la longévité des rongeurs, les résultats chez la mouche *D. melanogaster* sont ambigus, et ceux chez d'autres espèces de mouches comme celle qui ravage les vergers californiens (*Ceratitis capitata*) ou la mouche domestique *Musca domestica,* sont peu probants. La restriction de nourriture augmente la longévité chez les rats, les souris, mais pas dans toutes les souches, et on n'observe pas (encore ?) d'augmentation de longévité chez les macaques *Macaca mulatta,* pour lesquels certaines expériences ont commencé il y a 25 ans[147]. La restriction de nourriture augmente donc la longévité chez certaines espèces

146. Greer EL, Brunet A (2009). Different dietary restriction regimens extend lifespan by both independent and overlapping genetic pathways in *C. elegans. Aging Cell,* **8** : 113-127.

147. Le Bourg E (2010). Predicting whether dietary restriction would increase longevity in species not tested so far. *Ageing Research Reviews,* **9** : 289-297.

mais pas chez d'autres : pourquoi ? Pour répondre à cette question, il faut prendre en compte les stratégies de reproduction, comme nous l'avons fait pour comprendre pourquoi les espèces ont des longévités maximales différentes. Ceci permettra de se faire une idée sur la probabilité que de tels régimes retardent le vieillissement et augmentent la longévité chez les humains, et donc de jauger les déclarations de certains chercheurs.

3.1.1. Restriction de nourriture et stratégies reproductives

Dans la nature, en période de disette, comme l'énergie nécessaire pour se reproduire et assurer la survie de la descendance n'est pas disponible, tenter de se reproduire risque d'aboutir à la mort de la mère et de sa descendance. On observe en effet que la fécondité diminue en cas de restriction de nourriture, quelle que soit l'espèce considérée[148, 149]. En cas de disette, si on ne peut se déplacer suffisamment loin pour trouver un meilleur environnement, la meilleure stratégie peut être d'attendre que la situation s'améliore pour se reproduire, c'est-à-dire que la fécondité du moment doit être sacrifiée pour sauver la fécondité plus tard. Les conséquences sur la longévité dépendront des stratégies de reproduction.

Si l'espèce n'a qu'une seule saison de reproduction, augmenter la longévité jusqu'à la saison suivante ou le temps que la situation s'améliore peut sauver la reproduction. On observe effectivement que la longévité augmente chez le nématode *C. elegans* qui vit normalement environ 3 semaines, mais 2 semaines de plus en cas de restriction de nourriture. Chez les rongeurs qui dans la nature ont normalement peu de chances d'avoir une seconde saison de reproduction, la longévité augmente au maximum d'un an. Une telle augmentation d'un an permettrait, dans la nature, d'attendre si nécessaire la saison de reproduction suivante dans l'espoir de pouvoir alors se reproduire, car il y a peu de

148. Holliday R (1989). Food, reproduction and longevity: is the extended lifespan of calorie-restricted animals an evolutionary adaptation? *Bioessays,* **10** : 125-127.

149. Le Bourg E (2010). Predicting whether dietary restriction would increase longevity in species not tested so far. *Ageing Research Reviews,* **9** : 289-297.

risques que 2 années successives soient soumises à la disette[150]. Pour les rongeurs, il s'agit d'une augmentation spectaculaire de la longévité, de l'ordre de 50 %.

S'il y a plus d'une saison de reproduction, c'est donc que l'espèce se reproduit plusieurs fois au cours de sa vie et qu'elle vit relativement longtemps. Ces espèces ont peu de descendants et elles doivent s'en occuper longtemps (*cf. supra* la partie sur la longévité maximale des espèces). Chez ces espèces, comme les macaques, il est moins dramatique de ne pas pouvoir se reproduire une année donnée, contrairement à ce qui se passe chez les rongeurs. L'augmentation de la longévité en cas de restriction de nourriture n'est donc pas indispensable, voire inutile, et on ne devrait pas observer une telle augmentation. Cela semble être le cas pour les macaques mais, les études étant encore en cours, il faudra encore attendre quelques années avant d'en être sûr.

Enfin, si l'espèce peut se déplacer, il n'est pas forcément nécessaire d'augmenter la longévité en cas de restriction de nourriture, puisqu'il peut suffire de trouver ailleurs une source de nourriture. Les grands mammifères, comme les éléphants africains, qui ont plusieurs saisons de reproduction, migrent en cas de disette mais, vu leur longévité, on ne peut guère étudier leur réponse à la restriction de nourriture. Les insectes volants, comme les mouches ou les papillons, qui ne peuvent pas attendre très longtemps pour se reproduire, semblent pourtant ne pas vivre plus longtemps en cas de restriction de nourriture. Ces espèces ont la possibilité de changer d'environnement, alors que les araignées, très sédentaires par définition, vivent plus longtemps en cas de restriction de nourriture[151]. Les rongeurs, pour leur part, risquent d'être une proie facile pour des prédateurs s'ils tentent de se déplacer loin de leur biotope, ce qui peut expliquer pourquoi ils vivent généralement plus longtemps en cas de disette.

---

150. de Grey ADNJ (2005). The unfortunate influence of the weather on the rate of ageing: why human caloric restriction or its emulation may only extend life expectancy by 2-3 years. *Gerontology,* **51** : 73-82.

151. Le Bourg E (2010). Predicting whether dietary restriction would increase longevity in species not tested so far. *Ageing Research Reviews,* **9** : 289-297.

Si les réponses au jeûne dépendent bien des stratégies reproductives, une longévité accrue en cas de restriction de nourriture chez une espèce vivant longtemps et/ou capable de se déplacer vite et loin n'augmenterait pas sa capacité à laisser des descendants. Il n'y aurait donc pas d'avantage sélectif à cette longévité augmentée pour ces espèces car pourquoi une longévité accrue en cas de disette aurait-elle été retenue par la sélection naturelle, puisque cette réponse est inutile ?

Comme les humains peuvent se déplacer en cas de famine (migrations) et vivent longtemps, ils peuvent retarder leur reproduction si les conditions ne sont pas réunies une année donnée. Une longévité accrue en cas de disette n'a donc aucun intérêt pour la valeur adaptative et n'a donc probablement pas été sélectionnée. Les résultats confirment-ils cette hypothèse ? Aucune étude de long terme de la restriction de nourriture n'a pour l'instant été réalisée mais 8 personnes âgées de 27 à 42 ans, si on excepte un homme de 67 ans, ont passé deux ans dans Biosphere-2, une vaste enceinte totalement hermétique située dans le désert de l'Arizona mimant un établissement humain sur une autre planète, d'où la fermeture totale à l'environnement extérieur. Tous les aliments étaient produits dans Biosphere-2 et, en raison de difficultés imprévues, la ration calorique journalière tomba à 1 800 kcal au début de l'étude pour remonter à 2 200 à la fin. On observa une perte de poids, une baisse des graisses, de la température, de la pression artérielle, des lipoprotéines, et des modifications d'autres marqueurs reflétant l'adaptation métabolique des individus dénutris, c'est-à-dire des résultats similaires à ceux observés dans d'autres études de restriction de nourriture chez les humains[152]. Cette étude et d'autres montrent que la restriction de nourriture peut avoir des effets positifs sur les marqueurs des maladies métaboliques. En particulier, les personnes en surpoids tendent à retrouver des valeurs se rapprochant de la normale[153] mais les effets

152. Fontana L, Klein S (2007). Aging, adiposity, and calorie restriction. *Journal of the American Medical Association,* **297** : 986-994.

153. Fontana L, Meyer TE, Klein S, Holloszy JO (2004). Long-term caloric restriction is highly effective in reducing the risk for atherosclerosis in humans. *Proceedings of the National Academy of Sciences of the USA,* **101** : 6659-6663.

négatifs sont nombreux. La température corporelle baisse[154], ce qui peut diminuer la résistance au froid, la masse musculaire[155] et la force musculaire[156] mesurées après un an de restriction diminuent respectivement de 5 et 7 %. On observe aussi une baisse de la densité minérale osseuse, en particulier au niveau de la hanche[157], ce qui peut laisser présager un risque accru de fractures, même si la qualité de l'os ne semble pas être modifiée[158]. En somme, avec la restriction de nourriture on a les artères d'un jeune homme et les os d'un vieillard. Si rien ne dit que la longévité humaine devrait augmenter, il semble toutefois probable que les personnes obèses ou en fort surpoids ont moins de risques de voir leur longévité diminuer par rapport aux personnes non-obèses[159], la restriction de nourriture permettant aux obèses de se rapprocher de la longévité des non-obèses. Pour les non-obèses, aucun résultat ne permet de penser que la restriction de nourriture augmenterait la longévité et les stratégies reproductives de l'espèce humaine permettent de penser

154. Heilbronn LK, de Jonge L, Frisard MI, Delany JP, Larson-Meyer DE, Rood J, Nguyen T, Martin CK, Volaufova J, Most MM, Greenway FL, Smith DA, Ravussin E (2006). Effect of 6-month calorie restriction on biomarkers of longevity, metabolic adaptation, and oxidative stress in overweight individuals. *Journal of the American Medical Association,* **295** : 1539-1548.

155. Racette SB, Weiss EP, Villareal DT, Arif H, Steger-May K, Schechtman KB, Fontana L, Klein S, Holloszy JO (2006). One year of caloric restriction in humans: feasibility and effects on body composition and abdominal adipose tissues. *Journal of Gerontology Medical Sciences,* **61A** : 943-950.

156. Weiss EP, Racette SB, Villareal DT, Fontana L, Steger-May K, Schechtman KB, Klein S, Ehsani AA, Holloszy JO, Washington University School of Medicine CALERIE Group (2007). Lower extremity muscle size and strength and aerobic capacity decrease with caloric restriction but not with exercise-induced weight loss. *Journal of Applied Physiology,* **102** : 634-640.

157. Villareal DT, Fontana L, Weiss EP, Racette SB, Steger-May K, Schechtman KB, Klein S, Holloszy JO (2006). Bone mineral density response to caloric restriction-induced weight loss or exercise-induced weight loss : a randomized controlled trial. *Archives of Internal Medicine,* **166** : 2502-2510.

158. Villareal DT, Kotyk JJ, Armamento-Villareal RC, Kenguva V, Seaman P, Shahar A, Wald MJ, Kleerekoper M, Fontana L (2011). Reduced bone mineral density is not associated with significantly reduced bone quality in men and women practicing long-term calorie restriction with adequate nutrition. *Aging Cell,* **10** : 96-102.

159. Fontaine KR, Redden DT, Wang C, Westfall AO, Allison DB (2003). Years of life lost due to obesity. *Journal of the American Medical Association,* **289** : 187-193.

qu'une restriction tout au long de la vie ne ferait pas augmenter leur longévité.

3.1.2. L'engouement de certains chercheurs pour la restriction de nourriture

La restriction de nourriture semble donc une piste intéressante dans le combat contre l'obésité car, pour ces personnes, les effets positifs semblent l'emporter sur les effets négatifs. Toutefois, pour les personnes ne souffrant pas de surpoids, on observe un amaigrissement peu compatible avec la lutte contre le froid ou les infections, un risque de fractures plus élevé, une hypotension, une moins bonne cicatrisation, des performances physiques diminuées, des symptômes dépressifs et de l'irritabilité, une baisse de la libido et un risque d'aménorrhée[160,161]. Ceci rejoint les conclusions de l'Agence française de sécurité sanitaire de l'alimentation, de l'environnement et du travail (ANSES) qui, dans un rapport sur les régimes amaigrissants, notait qu'« en l'absence d'excès de poids : les régimes à visée amaigrissante, qu'ils soient proposés par des médecins ou des non médecins, sont des pratiques à risque »[162]. On ne voit donc guère les effets positifs à attendre de la restriction de nourriture chez des personnes ne souffrant pas d'obésité et, en ce qui concerne la longévité et le vieillissement, ces effets positifs sont très hypothétiques. La prudence serait donc de mise, vu les risques pour la santé publique si de nombreuses personnes, âgées et/ou de poids modéré de surcroît, pratiquaient de tels régimes nutritionnels.

Hélas, il y a un engouement médiatique pour les régimes de restriction de nourriture (émissions de télévision, articles de journaux), et certains ouvrages, y compris ceux publiés par des scientifiques, font leur promotion, expliquant par exemple que « chacun d'entre nous pourra

160. Dirks AJ, Leeuwenburgh C (2006). Caloric restriction in humans: potential pitfalls and health concerns. *Mechanisms of Ageing and Developement,* **127** : 1-7.

161. Le Bourg E (2005). La restriction calorique, un moyen de retarder le vieillissement et d'augmenter la longévité? *La Presse Médicale,* **34** : 121-127.

162. ANSES (2010). *Évaluation des risques liés aux pratiques alimentaires d'amaigrissement.* Paris, accessible depuis : http://www.anses.fr/

tester pour son propre compte l'efficacité d'une restriction calorique, à condition de s'entourer des précautions indispensables pour éviter toute carence »[163]. On peut aussi lire, dans un ouvrage publié par un éditeur académique, un article suggérant en sus d'une restriction de nourriture de 20 % de prendre un médicament diminuant l'absorption des glucides, c'est-à-dire d'utiliser un médicament pour un usage n'ayant rien à voir avec son indication première, le diabète[164]. D'autres auteurs, estimant que des produits « mimétiques » de la restriction de nourriture pourraient être utilisés (car prendre une pilule est plus facile que de se soumettre à un régime draconien), tendent à embellir les résultats des études sur ces mimétiques en écrivant par exemple qu'« il a été montré que le resvératrol augmentait la longévité dans toutes les espèces où il a été testé »[165], alors que ce n'est pas le cas chez le nématode, la drosophile et la souris[166, 167, 168], c'est-à-dire les modèles animaux les plus couramment utilisés en biogérontologie.

Il peut donc y avoir une certaine distance entre les résultats des études sur le vieillissement et ce qu'il en est dit dans les médias ou par certains chercheurs. En ayant une attitude peu prudente dans leurs écrits

163. Klarsfeld A, Revah F (2000). *Biologie de la mort.* Odile Jacob, Paris.

164. Kurzweil R, Grossman, T (2010). Bridges to life. *In :* Fahy GM, West MD, Coles LS, Harris SB (dir), *The future of aging. Pathways to human life extension.* Springer, Berlin, 3-22.

165. Morris BJ (2010). Calorie restriction mimetics and aging. *In :* Everitt AV, Rattan SIS, Le Couteur DG, de Cabo R (dir.), *Calorie restriction, aging and longevity.* Springer, Berlin, 141-175.

166. Bass TM, Weinkove D, Houthoofd K, Gems D, Partridge L (2007). Effects of resveratrol on lifespan in *Drosophila melanogaster* and *Caenorhabditis elegans. Mechanisms of Ageing and Development,* **128** : 546-552.

167. Pearson KJ, Baur JA, Lewis KN, Peshkin L, Price NL, Labinskyy N, Swindell WR, Kamara D, Minor RK, Perez E, Jamieson HA, Zhang Y, Dunn SR, Sharma K, Pleshko N, Woollett LA, Csiszar A, Ikeno Y, Le Couteur D, Elliott PJ, Becker KG, Navas P, Ingram DK, Wolf NS, Ungvari Z, Sinclair DA, de Cabo R (2008). Resveratrol delays age-related deterioration and mimics transcriptional aspects of dietary restriction without extending life span. *Cell Metabolism,* **8** : 157-168.

168. Miller RA, Harrison DE, Astle CM, Baur JA, Boyd AR, de Cabo R, Fernandez E, Flurkey K, Javors MA, Nelson JF, Orihuela CJ, Pletcher S, Sharp ZD, Sinclair D, Starnes JW, Wilkinson JE, Nadon NL, Strong R (2011). Rapamycin, but not resveratrol or simvastatin, extends life span of genetically heterogeneous mice. *Journal of Gerontology A Biological Sciences,* **66** : 191-201.

ou déclarations, ces chercheurs risquent d'inciter certaines personnes à entreprendre un régime de restriction de nourriture, avec tous les risques que l'on imagine. Cela est d'autant plus problématique que les marchands de remèdes anti-vieillissement se servent du message des chercheurs comme arguments de vente, même si on ne perçoit pas forcément comment des études sur la restriction de nourriture pourraient donner lieu à ces dérives. Pourtant, une entreprise américaine vend du resvératrol en le présentant comme un « mimétique » de la restriction de nourriture, et son président a écrit un livre en vantant les mérites, en particulier bien sûr sous la forme vendue par son entreprise[169].

3.2. Conclusions

Les déclarations trop enthousiastes des chercheurs risquent de déconsidérer la biogérontologie aux yeux du grand public : quelle peut être la réaction d'une personne qui lit dans un magazine que tel chercheur réputé affirme qu'il faut manger moins pour vivre vieux alors qu'il vient d'hospitaliser ses parents âgés pour cause de malnutrition, une cause fréquente d'admission des personnes âgées ?

Le surenthousiasme de certains biogérontologues peut donc obliger les autres à expliquer que plus de prudence serait de mise, mais il peut aussi les faire se fourvoyer dans leurs propres raisonnements, en particulier s'ils débutent dans la discipline.

Quand de telles déclarations sont faites par un lauréat du prix Nobel, comme Linus Pauling qui proposait l'utilisation de fortes doses de vitamine C pour lutter contre les maladies cardio-vasculaires et le cancer, car il croyait que « la vitamine C a un grand intérêt pour contrôler les problèmes associés à l'avancée en âge »[170], la situation du chercheur qui ne partage pas cette opinion devient délicate aux yeux des non-spécialistes, puisque cette déclaration est le fait d'un prix Nobel et même, dans ce cas, d'un double prix Nobel (Paix et Chimie). Le chercheur pourra

---

169. Sardi B (2004). *The anti-aging pill. Is the 125-year life span about to become common?* Here and Now books, San Dimas.
170. Pauling L (1983). Vitamin C and longevity. *Agressologie,* **24** : 317-319.

toujours argumenter que ces prix ne donnent aucune compétence particulière en biogérontologie, mais il n'empêche qu'il lui sera plus difficile de réfuter ces arguments que s'ils avaient été avancés par un étudiant de première année de licence.

D'autres exemples de chercheurs ayant fait des déclarations très enthousiastes pourraient être cités, au-delà des cas où ces chercheurs servent de caution scientifique à des entreprises commerciales, comme un autre lauréat du prix Nobel, Luc Montagnier, qui soutient que la papaye fermentée est un outil contre le vieillissement. Ainsi, Michael Fossel, rédacteur en chef d'une revue consacrée au vieillissement, déclarait après les premiers travaux montrant que restaurer l'activité de la télomérase permet d'augmenter le nombre de divisions cellulaires *in vitro* que « nous pourrions découvrir que nous avons non seulement retardé les maladies liées à l'âge et le vieillissement qui les sous-tendent, mais aussi agi sur les limites de la longévité maximale »[171]. Ces déclarations de 1998 n'ont pas été suivies depuis de résultats aussi spectaculaires.

Toutes ces déclarations tonitruantes ont l'inconvénient, mise à part leur distance avec la réalité, de faire ressentir au public que les chercheurs ont tendance à dire beaucoup plus qu'ils ne le peuvent, et aux étudiants, aux autres biologistes et aux pouvoirs publics que la biogérontologie n'est peut-être pas la discipline de la biologie la plus sérieuse : il convient donc de s'en abstenir[172].

4. *Médecine anti-vieillissement et biogérontologie*

Le rôle des médecins est bien évidemment de tout faire pour aider leurs patients à vieillir le mieux possible avec tous les moyens dont ils

171. Fossel M (1998). Implications of recent work in telomeres and cell senescence. *Journal of Anti-Aging Medicine,* **1** : 39-43.

172. Le Bourg E (2000). Gerontologists and the media in a time of gerontology expansion. *Biogerontology,* **1** : 89-92.

disposent. La médecine anti-âge, ou plus correctement anti-vieillissement, qui prospère depuis quelques années est autre chose[173].

Selon cette discipline, il existe déjà des remèdes accessibles, en particulier sur internet, permettant de combattre ou retarder le vieillissement, et même de le stopper. Ces remèdes n'ont aucune efficacité prouvée et les produits en vente, comme des cocktails de vitamines, des hormones, *etc.*, ne permettent pas de retarder le vieillissement. Pourtant, ces remèdes sont popularisés au gré des émissions de télévision ou des livres expliquant comment vivre 120 ans ou quelque chose d'approchant. Il y a une quinzaine d'années, des journalistes se faisaient, en quelque sorte, prendre au piège, et rapportaient complaisamment les prétentions de la médecine anti-vieillissement. Depuis, l'esprit critique de nombreux journalistes s'est aiguisé et l'on peut, à côté des émissions continuant à promettre monts et merveilles, en visionner d'autres qui peuvent tourner à la mise en cause de ce qu'il faut bien appeler les charlatans de l'anti-vieillissement[174]. La situation s'améliore donc sur le front des médias et c'est tant mieux, même si les clients continuent à acheter des remèdes qui ne remédient à rien ou à entreprendre des traitements coûteux qui peuvent aussi être dangereux. Pourquoi donc consacrer quelques lignes au problème de la médecine anti-vieillissement puisque les scientifiques sont convaincus d'avoir affaire à des charlatans et beaucoup de journalistes aussi ?

4.1. L'entrée de la médecine anti-vieillissement dans l'édition académique

La réponse est simple. La médecine anti-vieillissement essaie maintenant d'investir non plus seulement le secteur de l'édition de second ordre avec des titres tapageurs dans le style de *Vivez 120 ans !* ou *Arrêtez de vieillir !*, mais aussi celui de l'édition académique.

---

173. Pour un développement sur la médecine anti-âge voir Le Bourg E (2006). *Le vieillissement. Faits, peurs et fantasmes.* Vuibert, Paris, 116-127 et Frexinos J (2006). *Vivre longtemps et rester jeune. Science ou charlatanisme ?* Privat, Toulouse.

174. Voir par exemple *Médecine anti-âge, promesses et business,* diffusé sur France 5 le 22 février 2011.

Par exemple, un éditeur académique publie un livre[175] dans lequel plusieurs auteurs recommandent de prendre des suppléments nutritionnels. Ce n'est probablement pas un hasard si 40 % des articles de ce livre sont écrits par des auteurs appartenant à des entreprises privées dont le but est généralement de promouvoir des moyens de combattre le vieillissement.

Le problème concerne aussi les revues scientifiques de gérontologie puisqu'un autre éditeur académique lançait en 2009 une revue dont le rédacteur en chef est un médecin connu pour son implication dans la médecine anti-vieillissement. Ce médecin écrivait ainsi en 1999 : « pourquoi ne vivre que soixante-dix, quatre-vingts ou cent ans, alors que nous sommes à l'aube d'en vivre cent trente ou cent cinquante, voire plus, dans d'excellentes conditions physiques et psychiques ? »[176]. L'entreprise dirigée par ce médecin « propose, au moyen de programmes individualisés, une approche thérapeutique appropriée destinée à retarder le vieillissement et à prévenir certaines de ses conséquences néfastes »[177]. Un programme qui, d'après *Le Point* du 9 avril 2009 s'entretenant avec ce médecin, commence par « le check-up de base, qui dure une demi-journée et coûte 2 000 euros, dont aucun n'est pris en charge par la Sécurité sociale »[178]. Dans un éditorial de sa revue, *Médecine et Longévité,* ce médecin[179] évoque un certain nombre de questions liées au problème du vieillissement et ses prises de position paraissent être en contradiction avec la pratique scientifique reconnue par tous les chercheurs et faire appel à des procédés peu habituels dans le milieu scientifique. Expliquons ces points.

175. Fahy GM, West MD, Coles LS, Harris SB (dir.) (2010). *The future of aging. Pathways to human life extension.* Springer, Berlin.

176. de Jaeger C (1999). *Les techniques de lutte contre le vieillissement.* Que sais-je ? n° 3463, Presses Universitaires de France, Paris.

177. Site internet du « Centre Médical Européen Santé et Longévité, sous la direction du Dr Christophe de Jaeger » : http://www. cemesal.org/

178. Lanez E, dos Santos G (2009). Vieillir sans Vieillir : les conseils des spécialistes interrogés par Le Point. *Le Point,* n° 1908, 56-58.

179. de Jaeger C (2010). Médecine anti-âge, médecine esthétique, médecine morphologique et anti-âge, médecine et physiologie de la longévité… *Médecine et Longévité,* **2** : 1-3.

La pratique scientifique prônée dans cet éditorial est une dégradation par rapport à celle communément admise puisqu'il est écrit qu'« en médecine de soins, il est impératif lorsque l'on souhaite tester un nouveau traitement de le comparer à un autre groupe non traité (placebo) ou traité différemment. Dans le cadre de la sénescence, la problématique est différente. Le vieillissement normal ou pathologique est bien connu et nous permet donc de nous affranchir d'un groupe témoin, puisque nous avons toutes les informations ». Il ne semble pas adéquat de considérer que la recherche clinique sur le vieillissement puisse se passer de tester un effet placebo éventuel, sous prétexte que nous connaissons bien le vieillissement. De fait, une étude présentée par le rédacteur en chef de *Médecine et Longévité* et ses collaborateurs dans le même numéro de la revue[180] ne fait pas appel à un groupe placebo, mais se contente de comparer des individus avant et après un traitement. Bien évidemment, une telle procédure ne permet pas de savoir si un quelconque effet est dû au traitement, à un effet placebo, ou à une simple évolution avec le temps des variables observées.

Le rédacteur en chef de la revue écrit aussi que « l'histoire de la médecine et des sciences en général nous montre à quel point les idées novatrices ont toujours été combattues par tout ceux qui ne comprennent pas l'idée nouvelle et/ou par ceux qui regrettent de ne pas l'avoir eut… ou tout simplement, par ceux qui n'ont pas envie de voir leur quotidien changer… »[181]. En somme, si on n'accepte pas les vues de l'auteur, cela s'explique simplement par un combat d'arrière-garde des chercheurs. Ce genre d'arguments a déjà été développé par Aubrey de Grey, qui nous promet pour bientôt, peut-être même pour les personnes nées en 2000, une espérance de vie de 5 000 ans[182] et explique que refuser de débattre de ses vues « retarde le progrès et

180. de Jaeger C, Voronska E, Fraoucene N, Vincent C, Cherin P (2010). Intérêt de la prégnénolone sur le vieillissement cérébral évalué par l'onde P300. *Médecine et Longévité,* **2** : 4-11.

181. L'orthographe utilisée dans la citation respecte celle de l'auteur.

182. de Grey ADNJ (2005). Foreseeable and more distant rejuvenation therapies. *In :* Rattan SIS (dir.), *Aging interventions and therapies.* Singapour, World Scientific Publishers, 379-395.

coûte des vies »[183]. Jacques Frexinos, décrivant les « astuces » de vente de la médecine anti-vieillissement, a cité le fait de « recourir à la théorie du complot et à l'appel au peuple »[184].

Qu'un médecin anti-vieillissement dirige une revue quelconque n'importerait guère, mais *Médecine et Longévité* est publiée par un éditeur scientifique dont les autres revues sont pour chercheurs et médecins d'une aide quotidienne. Fatalement, avec le temps, on peut craindre que cette nouvelle revue ne soit indexée par les bases de données bibliographiques et ne devienne le cheval de Troie de la médecine anti-vieillissement dans le secteur académique. Des chercheurs n'ayant rien à voir avec la médecine anti-vieillissement y publient déjà, en toute bonne foi, heureux de voir paraître une revue de gérontologie de langue française.

Il est à craindre que, nantis d'une reconnaissance académique *via* la publication de revues ou de livres chez des éditeurs scientifiques (ce qui est une application originale de la stratégie du coucou), il soit plus facile aux professionnels de la médecine anti-vieillissement de faire passer leur message, non pas auprès des chercheurs, mais bien auprès des éventuels clients. Un tel état de fait est bien sûr une gêne pour les biogérontologues qui risquent d'avoir des difficultés à expliquer que ces médecins anti-vieillissement ont peu de choses à voir avec la science, ce qui semble contradictoire avec le fait de pouvoir publier revues et livres chez des éditeurs scientifiques renommés.

4.2. La nécessaire prudence vis-à-vis de la médecine anti-vieillissement

Les chercheurs en biogérontologie sont souvent inquiets devant le développement de la médecine anti-vieillissement. Ce n'est pas un hasard si le *Journal of Gerontology* américain a consacré il y a quelques

183. de Grey ADNJ (2005). Resistance to debate on how to postpone ageing is delaying progress and costing lives. *EMBO Reports,* **6** : 549-553.

184. Frexinos J (2006). *Vivre longtemps et rester jeune. Science ou charlatanisme?* Privat, Toulouse.

années un numéro à ce problème[185]. Ceci est lié aux risques pour la santé publique des remèdes proposés par ces médecins, comme par exemple l'utilisation de l'hormone de croissance chez l'adulte n'ayant aucun problème de croissance[186].

Le biogérontologue doit donc être conscient des risques de manipulation dont il peut faire l'objet. Cette manipulation, dont le but est bien sûr de donner une caution scientifique à la médecine anti-vieillissement, prend l'aspect du pot de miel, comme l'invitation à des conférences ou à participer au conseil scientifique d'une entreprise privée, et on peut facilement s'y faire prendre si on ne se méfie pas.

Il peut aussi arriver, une possibilité parmi d'autres, que des journalistes de la presse écrite, radiophonique, ou télévisée, proposent à un chercheur de participer à un débat avec des médecins anti-vieillissement en lui disant qu'il pourra ainsi développer ses arguments. Le biogérontologue risque d'être tenté d'accepter, avec toutes les chances de se trouver face à des personnes rompues à ce genre d'exercice et qui n'ont (surtout) pas besoin de s'appuyer sur des résultats scientifiques pour avancer leurs arguments. En somme, une telle proposition de débat revient à demander à des astronomes de discuter avec des astrologues : de quoi pourraient-ils donc discuter ? Quoi qu'il en soit, le résultat net de ce genre d'initiative médiatique est que le chercheur a considéré les médecins anti-vieillissement comme des interlocuteurs valables et leur a donné une image de sérieux et de respectabilité, puisqu'il a accepté de débattre avec eux : c'est bien là ce qu'ils cherchaient. Le visionnage d'émissions télévisées de ce genre convainc aisément que les médecins anti-vieillissement en sortent généralement vainqueurs, en laissant l'impression qu'ils peuvent vraiment faire quelque chose contre le vieillissement, alors que le chercheur n'a étalé que ses incertitudes. Le spectateur préférera probablement retenir le message de celui qui dit « je peux vous

185. Numéro 6 du volume **59A** de 2004 du *Journal of Gerontology: Biological Sciences.*

186. Olshansky SJ, Perls TT (2008). New developments in the illegal provision of growth hormone for « anti-aging » and bodybuilding. *Journal of the American Medical Association,* **299** : 2792-2794.

aider (carte bleue acceptée) » que de celui qui dit « je ne sais pas si on peut vous aider ».

La plus grande prudence doit donc être de rigueur quand on est contacté par une entreprise commercialisant des produits anti-vieillissement, ou une association servant de couverture à la médecine anti-vieillissement, et la première question à se poser pour éviter les pièges est : « que gagnent-ils à obtenir ma collaboration et qu'est-ce que je risque d'y perdre ? ».

4.3. Conclusions

La médecine anti-vieillissement est à la biogérontologie ce qu'est la contrefaçon au produit original. Au premier abord, les choses ont l'air semblable, mais un examen minutieux fait généralement détecter que ce n'est pas le cas, le produit contrefait se caractérisant par une mauvaise qualité. Comme un produit contrefait, la médecine anti-vieillissement fait un emprunt à la science, son vocabulaire donnant l'impression de sérieux, mais c'est à peu près tout ce qu'elle lui emprunte. Pour le reste, elle prétend offrir (si l'on ose dire) des résultats qui ne sont pas au rendez-vous, mais les effets secondaires peuvent cependant être bien présents, comme cela a été noté depuis longtemps[187].

La médecine anti-vieillissement n'est pas seulement une contrefaçon de la biogérontologie, elle en est aussi son parasite. Ce parasite prospère d'autant mieux que les scientifiques le tolèrent, soit en acceptant par exemple des invitations à des congrès « scientifiques » et en fermant les yeux sur le rôle qu'on attend d'eux, c'est-à-dire donner par leur présence un gage de respectabilité scientifique, soit en se faisant le complice avéré d'entreprises vendant des suppléments nutritionnels, ou d'autres choses, alors qu'ils sont convaincus au fond d'eux-mêmes que rien ne permet de justifier les prétentions des dits traitements. La naïveté a en effet des limites, et chacun se doute bien que s'il existait des produits aux effets

187. United States General Accounting Office (2001). *Health products for seniors: «anti-aging » products pose potential for physical and economic harm.* Report to chairman, special committee on aging, US senate.

sensationnels sur les effets négatifs du vieillissement, il y a longtemps qu'ils auraient obtenu le statut de médicament et bénéficié d'une autorisation de mise sur le marché.

Pour le scientifique, pouvoir affirmer qu'un produit quelconque a un effet positif sur le vieillissement, comme par exemple retarder l'apparition de la maladie d'Alzheimer, peut prendre des années, voire plus. Pour les charlatans, il suffit de l'affirmer. On pourrait citer une « fondation pour l'allongement de la vie » qui expliquait il y a une quinzaine d'années pouvoir fournir à ses clients américains des « médicaments qui ont été utilisés sans risque en France, Allemagne ou d'autres pays depuis des années, mais qui jusqu'ici ont été interdits aux Américains » et qui permettraient de « prévenir et traiter les maladies neurodégénératives, y compris la maladie d'Alzheimer, de Parkinson, *etc.* », rien de moins. Bien évidemment, ces « médicaments », aujourd'hui comme hier, ne permettent de « prévenir et traiter » aucune de ces maladies : cela se saurait.

La fraude est souvent considérée comme étant la plus grande faute possible d'un scientifique, car niant la notion même de la science, mais il faut comprendre que mettre ses compétences au service des charlatans est probablement la seconde plus grande faute que puisse commettre un biogérontologue.

Esprit critique, es-tu là ?

1. Nécessité d'une approche critique en biogérontologie

Le chercheur travaillant en physique, biochimie ou géologie a bien de la chance. Pour lui, même s'il existe des débats au sein de sa discipline, le consensus existe aussi sur les questions fondamentales. En physique, tout le monde admet que la mécanique newtonienne s'applique, à condition que la vitesse ne soit pas trop élevée. En biochimie, peu de chercheurs contestent la pertinence du cycle de Krebs et de la phosphorylation oxydative comme clés de la compréhension du métabolisme. En géologie, rares sont ceux qui rejettent encore la théorie de la tectonique des plaques.

Il n'en est pas de même en biogérontologie. Les chercheurs font des expériences, observent les résultats qui en découlent et en tirent des conclusions qui peuvent être très différentes selon les auteurs. Cette situation découle du fait qu'il n'y a pas encore de consensus, en particulier sur les mécanismes du vieillissement, c'est-à-dire ce qui explique « comment » nous vieillissons.

Toutefois, il existe maintenant une certaine concordance des vues sur le « pourquoi » du vieillissement. Dans l'ensemble, les biogérontologues admettent que le vieillissement est le résultat de la baisse de l'intensité de la sélection naturelle à un âge avancé, cette baisse étant due au fait que, dans la nature, la plupart des individus meurent jeunes et que la sélection n'a donc de prise à un âge avancé que sur un nombre restreint d'individus. Dans ces conditions, des mutations n'ayant un effet délétère qu'à un âge avancé ne sont pas éliminées du pool génique, puisqu'elles n'ont eu aucun effet négatif pour leurs porteurs durant leur courte vie, contrairement à ce qui se passe avec une mutation handicapant gravement un individu jeune, celui-ci mourant rapidement, éliminé par un prédateur, la maladie, *etc.* Cet individu jeune a donc peu de chances de se reproduire et sa mutation est éliminée du pool génique. Cette baisse de la sélection à un âge avancé permet que se maintiennent et s'accumulent au cours de l'évolution des mutations délétères ne s'exprimant qu'à un âge tardif : les effets délétères de ces mutations se traduiraient par la dégradation tardive de l'organisme, c'est-à-dire le vieillissement. Des variantes de cette théorie de l'accumulation des mutations à un âge avancé existent, comme celle qui énonce que des mutations aux effets négatifs à un âge avancé auraient été sélectionnées du fait de leurs effets positifs à un âge jeune[188]. Ce consensus est relativement récent puisque, dans les années 1980 et 1990, le débat était âpre autour de ces questions[189].

La question des mécanismes du vieillissement, le « comment », est beaucoup plus ouverte que celle du « pourquoi ». Pendant longtemps, la théorie du taux de vie[190], complétée par celle des radicaux libres[191] a retenu l'attention[192]. Selon la théorie du taux de vie, il existe un effet négatif de la consommation d'énergie sur la longévité. La théorie des radicaux libres explique pourquoi cette dépense énergétique a un tel effet : un métabolisme plus élevé génèrerait plus de radicaux libres au cours de la phosphorylation oxydative et ces radicaux libres, du fait de leur forte

---

188. Voir pour un développement sur ces théories par exemple Le Bourg E (2006). *Le vieillissement : faits, peurs et fantasmes.* Vuibert, Paris, 56-66.

189. Le Bourg E (2001). A mini-review of the evolutionary theories of aging. Is it the time to accept them? *Demographic Research,* **4** : 1-28.

190. Pearl R (1928). *The rate of living.* Knopf, Londres.

191. Harman D (1956). Aging. A theory based on free radical and radiation chemistry. *Journal of Gerontology,* **11** : 298-300.

192. Voir pour un développement sur ces théories par exemple Le Bourg E (2006). *Le vieillissement : faits, peurs et fantasmes.* Vuibert, Paris, 50-53.

réactivité due à leur électron célibataire, attaqueraient les composants de la cellule, entraînant son vieillissement malgré des mécanismes de protection comme les enzymes antioxydantes. La théorie du taux de vie a été critiquée[193] et est pratiquement abandonnée aujourd'hui, et la théorie des radicaux libres est de plus en plus remise en cause[194]. Il est vrai que cet ensemble de théories avait pour inconvénient, depuis l'origine, sa conception très simpliste : le vieillissement serait à comparer à l'usure d'une machine et, plus on s'userait rapidement, moins on vivrait vieux et plus le vieillissement serait prononcé. En somme, la vie est une bougie que l'on consume plus ou moins vite jusqu'à ce qu'elle s'éteigne. Dans le cadre de ces théories, la parade au vieillissement apparaissait évidente : s'économiser ou augmenter les mécanismes de défense contre les radicaux libres mais, pour ne se limiter qu'à ces observations, les souris ou les humains actifs vivent plus longtemps que les individus moins actifs[195] et les antioxydants n'augmentent pas la longévité[196].

Une partie des débats actuels tourne autour du modèle qui relie le vieillissement au métabolisme. Cet exemple va permettre de montrer que la biogérontologie est une science très jeune, en ce sens que ses paradigmes, au sens de Thomas Kühn[197], ne sont pas encore fixés, ce

193. Lints FA (1989). The rate of living revisited. *Gerontology,* **35** : 36-57.

194. Salmon AB, Richardson A, Pérez VI (2010). Update on the oxidative stress theory of aging : does oxidative stress play a role in aging or healthy aging? *Free Radical Biology and Medicine,* **48** : 642-655.

195. Le Bourg E (2009). Hormesis, aging, and longevity. *Biochimica et Biophysica Acta,* **1790** : 1030-1039.

196. Bjelakovic G, Nikolova D, Gluud LL, Simonetti RG, Gluud C (2007). Mortality in randomized trials of antioxidant supplements for primary and secondary prevention : systematic review and meta-analysis. *Journal of the American Medical Association,* **297** : 842-857.

197. La recherche se développe dans certains cadres de réflexion théorique recueillant l'approbation des chercheurs, les paradigmes. Dans le cas d'une science jeune, il arrive que ces paradigmes ne soient pas fixés, c'est-à-dire qu'il y a conflit entre les scientifiques quant aux meilleurs modèles théoriques pour expliquer les résultats observés. Il peut aussi arriver que de nouveaux paradigmes émergent et tentent de remplacer les précédents, comme par exemple en géologie quand la tectonique des plaques a remplacé l'hypothèse de la fixité des continents. Sur toutes ces questions, voir Kühn TS (1983). *La structure des révolutions scientifiques.* Flammarion, Paris.

qui permet d'expliquer les mêmes résultats d'au moins deux manières opposées. Le biogérontologue est donc obligé d'avoir une réflexion critique importante, puisqu'il doit se faire sa propre opinion à propos des résultats de ces expériences et ne peut se contenter de simplement, par commodité, adopter la position majoritaire. La science est en effet pleine d'exemples où des conceptions majoritaires ont été peu à peu rejetées, comme le montrent en biogérontologie l'exemple de la théorie du taux de vie et la remise en cause (en cours) de la théorie des radicaux libres. Elle fourmille aussi d'exemples où des théories minoritaires ont eu leur heure de gloire avant d'être finalement rejetées, faute d'avoir pu convaincre l'ensemble de la communauté scientifique, comme le montrent des exemples tragiques par leurs conséquences humaines, en termes de persécution des chercheurs opposants (cas de la génétique de Trofim Lyssenko[198] en URSS) ou de sacrifice de l'éducation des enfants (cas de la théorie considérant la variabilité de l'intelligence comme étant essentiellement due à la variabilité génétique, et donc l'intelligence comme un caractère héréditaire[199]). Ces deux théories, par exemple, n'ont jamais atteint le stade de théorie dominante en génétique ou en psychologie ; ce n'est donc pas parce qu'une théorie est minoritaire et bouscule les certitudes qu'elle va forcément, un jour, devenir dominante dans sa discipline, car elle peut aussi être invalidée.

Il n'y a donc pas de moyen permettant *a priori* de savoir si une théorie est valide ou non. Le seul moyen étant de réfléchir pour se faire sa propre opinion, en recourant aux critères communément admis maintenant en sciences de la falsifiabilité des hypothèses[200]. Le biogéronto-

---

198. Voir le début du chapitre précédent.

199. Gould SJ (1983). *La mal-mesure de l'Homme*. Ramsay, Paris.

200. Une hypothèse scientifique doit être falsifiable, c'est-à-dire qu'il doit être possible de réaliser des expériences qui la réfuteront. Un exemple d'hypothèse falsifiable est : « la température de l'eau liquide augmente quand on la chauffe ». Une expérience pourra montrer que l'énoncé n'est pas vérifié (l'hypothèse est falsifiée) sous une atmosphère quand on atteint 100 °C, ce qui amènera à affiner l'hypothèse (« sous une atmosphère, la température de l'eau liquide augmente quand on la chauffe jusqu'à son point d'ébullition qui est de 100 °C »). Cette seconde hypothèse reste falsifiable, même si jusqu'ici personne n'a pu le faire. Un exemple d'hypothèse non falsifiable est : « pendant la Préhistoire, la température de l'eau liquide augmentait quand on la chauffait », puisque personne ne peut faire l'expérience pour tester

logue se doit donc d'avoir une approche critique et une réflexion personnelle, plutôt que de simplement répéter la théorie en vogue qui sera peut-être rejetée dans quelques années ou d'adopter la dernière idée apparue, simplement parce qu'elle semble originale.

Nous allons illustrer le problème de la nécessité d'une approche critique en nous intéressant dans un premier temps aux travaux sur les relations entre le métabolisme et le vieillissement.

Dans un second temps, nous aurons une réflexion sur l'hypothèse que la longévité pourrait ne pas varier, sauf à la baisse, pour un certain nombre d'espèces si de telles variations ne sont pas une réponse de ces espèces aux variations de l'environnement.

1.1. Métabolisme et vieillissement

1.1.1. Une explication évidente...

Il y a encore une trentaine d'années, il semblait évident à tout généticien, qu'en accord avec ses effets généralement délétères, une mutation risque plus de faire diminuer la longévité que de l'augmenter. Les choses changèrent à partir de 1983 quand Michael Klass isola chez *C. elegans* 8 mutants à la longévité augmentée (sur 8 000)[201]. L'étude de ces mutants fut reprise[202] un peu plus tard et, rapidement, on isola de nouveaux mutants qui s'avérèrent faire partie de la même chaîne fonctionnelle liée au métabolisme.

Aujourd'hui, le schéma semble assez clair : le nématode a une durée de vie d'environ 2 à 3 semaines mais, si l'information sur la présence de

suite de la note 200

l'hypothèse. Dans ces conditions, il ne sera jamais possible de falsifier l'hypothèse et ses partisans (non scientifiques) pourront dire qu'aucun scientifique n'ayant jamais pu prouver qu'elle était fausse, cela montre qu'elle doit être vraie. Voir Popper KR (1984). *La logique de la découverte scientifique.* Payot, Paris.

201. Klass MR (1983). A method for the isolation of longevity mutants in the nematode *Caenorhabditis elegans* and initial results. *Mechanisms of Ageing and Development,* **22** : 279-286.

202. Friedman DB, Johnson TE (1988). A mutation in the *age-1* gene in *Caenorhabditis elegans* lenghtens life and reduces hermaphrodite fertility. *Genetics,* **118** : 75-86.

nourriture n'est plus perçue ou transmise, *via* une voie similaire à celle de l'insuline/IGF-1 (Insulin-like Growth Factor-1) des mammifères, sa longévité augmente. Le signal de l'absence de nourriture se traduit par la suppression de la phosphorylation d'un facteur de transcription (DAF-16) qui permettait sa séquestration dans le cytoplasme. La translocation de DAF-16 dans le noyau peut alors avoir lieu, ce qui déclenche l'activation des gènes cibles, et a pour conséquence, entre autres, une plus grande longévité[203]. Le même schéma semble être à l'œuvre chez la drosophile, l'équivalent de DAF-16 étant le facteur de transcription dFOXO, et, par exemple, surexprimer le gène *dFoxo* augmente la longévité de la mouche, mais pas forcément chez les mâles[204]. Chez la souris, des mutations à différents niveaux de la voie de l'insuline/IGF-1 aboutissent, entre autres, à des souris naines, donc à la croissance diminuée, et à la longévité augmentée[205]. Enfin, dans l'espèce humaine, on a rapporté que FOXO3A pourrait être associé à la longévité[206].

La conclusion de toutes ces études semble donc assez claire : moduler une chaîne fonctionnelle des réponses à la nourriture permet de moduler la longévité, que ce soit chez des invertébrés ou des mammifères. La réaction de l'organisme à une information considérée comme signifiant que la nourriture est rare aboutit à une plus grande longévité et à une baisse de la fécondité, tandis que l'information contraire produit

---

203. Pour un résumé, voir par exemple Piper MD, Selman C, McElwee JJ, Partridge L (2008). Separating cause from effect: how does insulin/IGF signalling control lifespan in worms, flies and mice? *Journal of Internal Medicine,* **263** : 179-191 ; Galas S, Château MT, Descamps S (2010). Gènes ou gérontogènes ? Le vieillissement en quête de responsables. *In :* Le Bourg E (dir.), *Retraites, démographie, santé... Vieillir en France aujourd'hui et demain.* Vuibert, Paris, 227-246 ; Henderson ST, Rea SL, Johnson TE (2006). Dissecting the processes of aging using the nematode Caenorhabditis elegans. *In :* Masoro EJ, Austad SN (dir.), *Handbook of the biology of aging, sixth edition.* Burlington, Academic Press, 360-399.

204. Puig O, Mattila J (2011). Understanding Forkhead box class O function: lessons from *Drosophila melanogaster. Antioxidants and Redox Signaling,* **14** : 635-647.

205. Bartke A (2008). The somatotropic axis and aging: Mechanisms and persistent questions about practical implications. *Experimental Gerontology,* **44** : 372-374.

206. Flachsbart F, Caliebe A, Kleindorp R, Blanché H, von Eller-Eberstein H, Nikolaus S, Schreiber S, Nebel A (2009). Association of FOXO3A variation with human longevity confirmed in German centenarians. *Proceedings of the National Academy of Sciences of the USA,* **106** : 2700-2705.

une longévité plus courte et favorise la reproduction. Cette hypothèse permettrait d'expliquer pourquoi la restriction de nourriture augmente la longévité dans de nombreuses espèces, mais il a été avancé que les processus aboutissant à une augmentation de longévité par la modulation de la voie de l'insuline/IGF-1 ou par la restriction de nourriture seraient indépendants (par exemple, la restriction de nourriture augmente encore la longévité de nématodes mutants *daf-16*[207]), d'autres auteurs ayant montré que les différents régimes de restriction de nourriture avaient des mécanismes d'action différents, nécessitant ou non la mise en œuvre de la voie de l'insuline/IGF-1[208].

Quoi qu'il en soit, l'absence de nourriture ou l'absence de signal de la présence de nourriture aboutit à une augmentation de la longévité. Il resterait à trouver le moyen d'inhiber artificiellement la réponse à la présence de nourriture pour augmenter la longévité et retarder le vieillissement, y compris dans l'espèce humaine, comme cela a pu être envisagé[209].

1.1.2. … ou une erreur majeure ?

Il semble donc que l'on puisse moduler la longévité de façon simple. Toutefois, ce raisonnement pourrait être considéré comme parfaitement erroné. Il suffit pour cela de dire que toutes ces études ont mis en évidence, non pas le (ou même un) mécanisme du vieillissement, mais un mécanisme de résistance au jeûne puisqu'on sait que les animaux, quand la nourriture est rare, peuvent voir leur longévité augmenter (*cf.* le chapitre précédent), ce qui leur permettrait de se reproduire quand la situation se sera améliorée. Toutefois, résister au jeûne et vieillir dans

207. Houthoofd K, Braeckman BP, Johnson TE, Vanfleteren JR (2003). Life extension via dietary restriction is independent of the Ins/IGF-1 signalling pathway in *Caenorhabditis elegans*. *Experimental Gerontology,* **38** : 947-954.

208. Greer EL, Brunet A (2009). Different dietary restriction regimens extend lifespan by both independent and overlapping genetic pathways in *C. elegans*. *Aging Cell,* **8** : 113-127.

209. Voir par exemple Guarente L, Kenyon C (2000). Genetic pathways that regulate ageing in model organisms. *Nature,* **408** : 255-262 ; Kenyon CJ (2010). The genetics of ageing. *Nature,* **464** : 504-512.

des conditions où la nourriture est disponible n'ont peut-être rien à voir, et ces travaux, en quelque sorte, s'intéresseraient à la conception des bouées de sauvetage tout en croyant étudier celle des navires : il n'est pas sûr que comprendre comment fonctionne une bouée de sauvetage puisse aider à comprendre la conception d'un navire.

La conclusion serait donc que toutes ces études, très informatives sur les mécanismes de la résistance au jeûne, ne sont d'aucune utilité pour comprendre le vieillissement dans des conditions nutritionnelles normales[210].

Rien ne dit en effet que l'on pourrait moduler les réponses à la nourriture, tout en continuant à avoir une alimentation normale (hormis bien sûr dans le cas des mutants), et rien ne dit non plus que les humains réagiraient comme les souris. De fait, vu les stratégies reproductives différentes des rongeurs et des humains, il est même probable que la modulation des réponses au jeûne n'augmenterait pas la longévité humaine (*cf.* le chapitre précédent).

Toutefois, on pourrait aussi prétendre que ce raisonnement est inexact et qu'on a réellement trouvé le mécanisme permettant de moduler la longévité et le vieillissement, y compris chez des humains ayant une alimentation suffisante.

On le voit, le débat en biogérontologie peut être très ouvert, alors qu'il se produit dans des conditions où personne ne remet en cause la qualité du travail expérimental. Seule l'interprétation des résultats diffère, mais on voit aisément que selon l'interprétation que l'on favorise on explique les mécanismes du vieillissement ou non : l'enjeu n'est pas mince.

---

210. Le Bourg E (2003). Delaying aging: Could the study of hormesis be more helpful than that of the genetic pathway used to survive starvation? *Biogerontology,* **4** : 319-324.

1.2. Variations de l'environnement et longévité

La biologie évolutive nous dit que les contraintes auxquelles sont soumises les espèces vont déterminer leurs stratégies reproductives[211] et on peut faire l'hypothèse que les réponses de ces espèces à des modifications de leur environnement tiendront compte de ces stratégies, comme indiqué au chapitre précédent.

En allant plus loin, on pourrait penser que des variations de la longévité en réponse à un traitement particulier ne seront possibles que si, dans la nature, de telles variations se produisent déjà en réponse à d'autres variations environnementales. Des variations de la longévité se produisent à l'échelle de plusieurs générations si les pressions de sélection y incitent, mais cela ne veut pas forcément dire que, pour une génération donnée, il soit possible de fortement moduler la longévité et en particulier de l'augmenter.

Par exemple, les opossums vivant sur le continent américain, où les risques de mortalité sont élevés du fait des prédateurs, ont une faible longévité et vieillissent vite, au vu de relevés physiologiques, et ont aussi une fécondité importante (6 à 9 petits par portée) pendant une seule saison reproductive, alors que sur une île séparée du continent depuis des millénaires, où les opossums ont de faibles risques de mortalité, ils vivent plus longtemps et vieillissent moins vite, tout en ayant une fécondité plus faible (4 à 6 petits) mais étalée sur deux saisons reproductives[212]. Cela veut-il dire qu'il sera possible d'augmenter la longévité des opossums en les soumettant à un traitement particulier ? Pas forcément, parce qu'il n'est pas sûr que, pour une génération donnée, la longévité puisse varier fortement dans la nature. Le raisonnement pourrait être étendu à l'espèce humaine qui a acquis au cours de l'évolution une forte longévité, mais dont il n'est pas sûr qu'on puisse l'augmenter par l'application d'un traitement quelconque.

La longévité des ectothermes peut aussi évoluer au cours des générations. Par exemple, si on fait varier expérimentalement le risque de

211. Voir par exemple Stearns SC (1983). The influence of size and phylogeny on patterns of covariation among life-history traits in mammals. *OIKOS,* **41** : 173-187.
212. Austad SN (1997). *Why we age*. John Wiley and Sons, New York.

mortalité des drosophiles, leur longévité est plus forte quand le risque de mortalité est faible[213]. La longévité des mouches varie aussi naturellement, pour une génération donnée, du fait par exemple de la température externe. De même, les souris pouvant avoir une longévité très plastique en cas de restriction de nourriture, on peut s'attendre à ce que d'autres variations environnementales puissent augmenter leur longévité. Les espèces capables de modifier immédiatement leurs traits de vie si la situation change, par exemple par une reproduction explosive si la nourriture est abondante, sont dites opportunistes. Les espèces dont les traits de vie sont peu sensibles aux variations de l'environnement sont dites à l'équilibre[214]. En particulier, ces espèces qui se reproduisent peu mais de manière répétée, comme les humains, ne peuvent avoir une reproduction explosive si les conditions environnementales changent, du fait de la durée de la gestation ou du faible nombre de descendants par gestation.

Si ce raisonnement est exact, on devrait donc s'attendre à ce qu'il soit quasi-impossible d'augmenter la longévité dans un certain nombre d'espèces, et en particulier les espèces ayant déjà une longévité élevée, alors que cela sera possible dans les espèces opportunistes. Une telle possibilité devra être présente à l'esprit quand on se demande si un traitement chez la mouche ou la souris qui augmente la longévité aurait le même effet chez l'humain car la conséquence immédiate est qu'il n'y aurait aucune possibilité d'augmenter fortement la longévité humaine. Dans ces conditions, toutes les tentatives en vue d'augmenter fortement la longévité humaine étant vaines, il resterait à focaliser la recherche en biogérontologie sur des pistes plus prometteuses, comme des modifications de l'état de santé à un âge avancé.

On le voit, si on tient compte ou non des concepts de la biologie évolutive, les perspectives de la recherche en biogérontologie sont très différentes. Ici aussi, l'enjeu n'est pas mince. Il appartient donc au biogérontologue d'avoir une réflexion critique sur le sujet.

---

213. Stearns SC, Kaiser M, Ackermann M, Doebeli M (2000). The evolution of intrinsic mortality, growth, and reproduction in fruit-flies. *Proceedings of the National Academy of Sciences of the USA,* **97** : 3309-3313.

214. Demetrius L (2005). Of mice and men. *EMBO Reports,* **6** : S39-S44.

2. *Conclusions*

La recherche en biogérontologie ne peut pas faire l'économie d'une réflexion, non seulement sur ses méthodes (premier chapitre) ou le contexte dans lequel elle se produit (deuxième chapitre), mais aussi sur ses relations avec les autres sciences relevant de la biologie. Faute d'un tel effort, le chercheur risque de se fourvoyer dans des impasses, alors qu'un tel risque peut être facilement évité. Quels sont les moyens permettant de savoir si on n'est pas en train de faire un mauvais raisonnement en biogérontologie ?

Concernant l'interprétation des résultats, la première des choses est peut-être d'abord de déterminer si ce qu'on observe peut être ce qu'on appelle un mécanisme général du vieillissement ou s'il est propre à une espèce ou à une lignée évolutive[215]. En somme, il s'agit de réconcilier les vues des « biologistes moléculaires qui veulent découvrir les mécanismes communs à toutes les choses vivantes » et celles des biologistes de l'évolution qui se focalisent sur les « différences entre les espèces, entre les populations, entre les individus. Ils veulent comprendre pourquoi les choses sont différentes, pas pourquoi elles sont les mêmes »[216]. Il est donc fondamental d'intégrer les concepts de la biologie évolutive à sa réflexion, ce qui est loin d'être le cas de tous les biogérontologues, quitte à expliquer dans un second temps pourquoi ils sont inutiles dans tel projet de recherche précis. En particulier, il faut se demander si les conditions dans lesquelles a évolué l'espèce étudiée peuvent empêcher la généralisation *a priori* des effets étudiés à d'autres espèces, et en particulier à l'humain. Par exemple, le fait d'avoir une activité sexuelle diminuant la longévité des drosophiles femelles[217], il serait imprudent de

---

215. Partridge L, Gems D (2002). Mechanisms of ageing: public or private? *Nature Reviews Genetics,* **3** : 165-175.

216. Stearns SC (2000). Life history evolution: successes, limitations and prospects. *Naturwissenschaften,* **87** : 476-486.

217. Le Rohellec M, Le Bourg E (2009). Contrasted effects of suppressing live yeast from food on longevity, aging and resistance to several stresses in *Drosophila melanogaster. Experimental Gerontology,* **44** : 695-707.

généraliser cet effet à d'autres espèces, et en particulier aux femmes[218]. Un exemple moins trivial est celui des effets de la restriction de nourriture évoqués au chapitre précédent. Les effets observés chez la souris sont-ils généralisables à l'humain ou non ? La moitié des experts à qui on avait demandé de réfléchir à cette question dans un numéro de la revue *Biogerontology* a répondu oui et la seconde moitié, prenant généralement en compte la biologie évolutive, non, un seul expert disant ne pouvoir répondre à cette question[219]. On voit donc que, sur une question aussi majeure que celle des effets de la restriction de nourriture dans l'espèce humaine, des réponses diamétralement opposées partagent les experts en deux camps pratiquement égaux, ce qui montre bien que la biogérontologie n'est pas une science arrivée à maturité.

La notion d'effet de balance (trade-off) est aussi importante, c'est-à-dire que si un caractère est modifié dans un sens espéré, cela aura peut-être des conséquences sur un autre caractère qui, elles, pourraient être défavorables. Par exemple, si on met dans les mêmes boîtes d'élevage des nématodes mutants de la voie de l'insuline/IGF-1 qui vivent longtemps et des animaux contrôles, la proportion d'animaux mutants ne change pas au fil des générations si la nourriture est abondante. Cependant, s'il y a compétition pour la nourriture, les animaux mutants disparaissent pratiquement en six générations[220]. Une plus grande longévité peut donc avoir un coût qui, dans certains cas, ne pourra se révéler que dans des conditions particulières et généralement défavorables mais, dans bien d'autres cas, cet effet de balance sera visible dans les conditions de vie habituelles des animaux. La question est donc de savoir si les effets positifs sont plus importants que les effets négatifs qui lui seraient associés. Pour le savoir, il est indispensable de ne pas se focaliser sur la mesure d'un seul trait, la longévité, et il faudrait s'intéresser à tout un ensemble de caractères liés au vieillissement ou aux traits de vie : le vieillissement comportemental, la résistance à des agressions de

218. Le Bourg E (2007). Does reproduction decrease longevity in human beings? *Ageing Research Reviews*, **6** : 141-149.

219. Voir *Biogerontology*, volume **7**, n° 3, 2006.

220. Walker DW, McColl G, Jenkins NL, Harris J, Lithgow GJ (2000). Evolution of lifespan in *C. elegans*. *Nature*, **405** : 296-297.

l'environnement, la fécondité, *etc.*[221] En fait, il ne faudrait plus publier d'articles affirmant un effet positif sur le vieillissement alors que seule une étude de la longévité a été réalisée.

D'autres questions ont été évoquées précédemment, mais qui ne sont pas forcément spécifiques à la biogérontologie, comme les erreurs de traitement statistique. L'utilisation de protocoles comportementaux inadaptés par des chercheurs sans compétence dans le domaine du comportement, un problème assez spécifique à la biogérontologie, a aussi été évoquée au début de ce livre. Le problème de ces mauvais protocoles est qu'ils donnent lieu à des résultats sans valeur que les auteurs vont commenter dans leurs conclusions et que d'autres auteurs vont s'appuyer sur ces travaux.

221. Pour une discussion sur ce problème, voir Minois N (2006). How should we assess the impact of genetic changes on ageing in model species? *Ageing Research Reviews,* **5** : 52-59.

Conclusions

L'objectif de ce livre n'était pas de fournir un résumé des résultats de la biogérontologie. Il existe maintenant une littérature accessible en français sur ce sujet, même si l'édition de langue anglaise est bien plus riche (*cf. infra*), les chercheurs n'hésitant pas de surcroît à prendre la plume, y compris pour expliquer leur démarche expérimentale[222].

L'objectif était bien de procurer une introduction *critique* au domaine puisque bien des étudiants ou des chercheurs débutant en biogérontologie se posent les mêmes questions auxquelles ils ne trouvent les réponses que, trop souvent, au bout d'un certain temps, au détour d'une publication ou d'un livre. Dans l'intervalle, des erreurs peuvent être faites, du temps être perdu, des efforts gâchés. Ce constat, que j'ai fait depuis longtemps, m'a donc amené à tenter d'y remédier en rassemblant ici ce qui, je crois, peut être une gêne ou une source de confusion pour le débutant en biogérontologie, qu'il soit chercheur ou étudiant. Toutefois, il est fort probable que les lecteurs plus expérimentés trouveront que bien des choses manquent dans ce livre et j'accepte d'avance la critique.

En somme, ce livre avait pour ambition d'être le mode d'emploi que l'on est si content de consulter quand on n'est pas familier avec

222. Voir par exemple Carey JR (2003). *Longevity. The biology and demography of life span.* Princeton University Press, Princeton.

le nouveau matériel que l'on vient d'acquérir. Rapidement, ce mode d'emploi devient inutile, ce qu'il contient étant devenu évident, mais dans l'intervalle il a permis de commencer à se servir de son matériel. L'analogie a ses limites car, contrairement aux modes d'emploi qui énoncent des certitudes, ce livre est bien plus concerné par le doute dont il est bon qu'il nous étreigne avant d'entreprendre tout projet de recherche. La certitude fait marcher les machines mais trop de certitudes, parfois basées sur des présupposés fragiles, peuvent retarder l'avancée de la science.

Ce livre avait aussi pour but de montrer que la biogérontologie, discipline au croisement de bien d'autres (génétique, biochimie, éthologie, physiologie, *etc.*), impose une réflexion sur les méthodes d'étude, les outils utilisés, les concepts sous-jacents, mais aussi sur les autres disciplines s'intéressant au vieillissement, comme la démographie, ou sur l'utilisation sociale ou commerciale des craintes liées au vieillissement démographique ou individuel. On pourrait dire que cela va de soi mais c'est inexact : combien de chercheurs s'intéressant à la biogérontologie acceptent-ils de servir de caution scientifique aux charlatans de la médecine anti-vieillissement (invitations aux congrès, participation aux « conseils scientifiques »), en toute bonne foi, parce qu'ils n'ont pas pris le temps de réfléchir aux implications de leur travail dans le domaine commercial ? Combien d'autres extrapolent-ils aux humains leurs résultats obtenus sur une espèce modèle comme la mouche, simplement parce qu'ils n'ont eu aucune réflexion sur les concepts de la biologie évolutive ? Combien, enfin, se livrent-ils à des déclarations sur l'efficacité de la restriction de nourriture pour vieillir moins vite ou de tout autre « remède au vieillissement », parce qu'ils n'ont pas réfléchi au fait que des personnes peuvent, après les avoir écoutés, s'engager dans une pratique risquée pour leur santé ? Combien, en somme, ne réalisent pas que leur domaine de recherche intéresse chacun de nos concitoyens et que, donc, il convient d'être prudent et de bien réfléchir avant de parler afin d'éviter fausses craintes ou vains espoirs[223]. Oui, étudier la biogé-

223. Le Bourg E (2000). Gerontologists and the media in a time of gerontology expansion. *Biogerontology,* **1** : 89-92.

rontologie impose de réfléchir à d'autres choses que la biogérontologie *sensu stricto.*

Au-delà des biogérontologues, cette discipline scientifique intéresse chacun de nous puisque nous vieillissons tous. Les biogérontologues ont donc une responsabilité particulière : ils ne sont pas seuls au monde et il arrive que le monde leur prête une oreille attentive.

Informations complémentaires

1. Des revues en biogérontologie

Age (Springer).

Ageing Research Reviews (Elsevier).

Aging Cell (John Wiley & Sons).

Biogerontology (Springer).

Experimental Aging Research (Taylor & Francis).

Experimental Gerontology (Elsevier).

Gerontology (Karger).

Journals of Gerontology Series A (Gerontological Society of America).

Mechanisms of Ageing and Development (Elsevier).

Neurobiology of Aging (Elsevier).

2. Des revues en ligne

Aging (Impact Journals : www. impactaging.com/index.html).

Current Gerontology and Geriatrics Research (Hindawi : www.hindawi.com/journals/cggr/).

Journal of Aging Research (Sage-Hindawi : www.sage-hindawi.com/journals/jar/).

Les revues citées peuvent ne consacrer qu'une partie minoritaire de leur contenu à la biogérontologie. Il existe d'autres revues, en ligne ou non, ainsi que des revues plus strictement médicales qui ne sont pas répertoriées ici.

3. Quelques livres en français en relation avec la biogérontologie

Sont indiqués ici quelques ouvrages, même s'ils ne sont pas purement biologiques, à condition qu'ils apportent un éclairage au biogérontologue sur le contexte de sa discipline. Le fait qu'un ouvrage soit cité ici ne signifie pas que l'auteur partage les points de vue exprimés. Les ouvrages précédés d'un astérisque sont des livres courts qui peuvent être considérés comme des compléments à celui-ci, du fait de leur contenu centré par exemple sur les théories ou les effets du vieillissement.

Bourdelais P (1997). *L'âge de la vieillesse. Histoire du vieillissement de la population.* Éditions Odile Jacob, Paris.

Droit RP, Kahn A (2008). *Vivre toujours plus ? Le philosophe et le généticien.* Bayard, Paris.

*Epelbaum J (2009). *Le vieillissement : rythmes biologiques et hormonaux.* Lavoisier, Paris.

Frexinos J (2006). *Vivre longtemps et rester jeune. Science ou charlatanisme ?* Privat, Toulouse.

Klarsfeld A, Revah F (2000). *Biologie de la mort.* Éditions Odile Jacob, collection Opus, Paris.

*Lafon C (2007). *Vieillissement et longévité.* Ellipses, Paris.

*Le Bourg E (1998). *Le vieillissement en questions.* CNRS Éditions, Paris.

Le Bourg E (2006). *Le vieillissement. Faits, peurs et fantasmes.* Vuibert, Paris.

Le Bourg E (2008). *Bienvenue chez les vieux ? Pour ne pas faire de l'avenir un cauchemar.* Vuibert, Paris.

Le Bourg E (dir.) (2010). *Retraites, démographie, santé… Vieillir en France aujourd'hui et demain.* Vuibert, Paris.

Ollivier JP (2011). *Demain, les vieux !* CNRS Éditions, Paris.

*Robert L (1995). *Le vieillissement. Faits et théories.* Flammarion, collection Dominos, Paris.

Véron J (2005). *L'espérance de vivre. Âges, générations et sociétés.* Éditions du Seuil, Paris.

4. Quelques livres en anglais en relation avec la biogérontologie

Les livres suivants sont, soit principalement une réflexion sur le vieillissement (ils sont indiqués par un astérisque), soit apportent une information générale sur la biogérontologie et sont donc des compléments d'information à celui-ci (indiqués par deux astérisques), soit enfin s'intéressent à un thème de recherche précis. Il en existe bien d'autres.

**Arking R (1998). *Biology of aging, observations and principles, second edition.* Sinauer associates Inc. (Il existe une troisième édition publiée en 2006), Sunderland.

**Aspinall R (dir.) (2003). *Biology of aging and its modulation, volume 3. Aging of organs and systems.* Kluwer, Dordrecht.

*Austad SN (1997). *Why we age.* John Wiley and Sons, New York.

Carey JR (2003). *Longevity. The biology and demography of life span.* Princeton University Press, Princeton.

Everitt AV, Rattan SIS, Le Couteur DG, de Cabo R (dir.) (2010). *Calorie restriction, aging and longevity.* Springer, Berlin.

Finch CE (2007). *The biology of human longevity. Inflammation, nutrition, and aging in the evolution of lifespans.* Academic Press, Burlington.

Finch CE, Kirkwood TBL (2000). *Chance, development, and aging.* Oxford University Press, New York.

*Holliday R (2007). *Aging: the paradox of life. Why we age.* Springer, Berlin.

*Kirkwood T (1999). *Time of our lives.* Weidenfeld and Nicolson, Londres.

**Kaul SC, Wadhwa R (dir.) (2003). *Biology of aging and its modulation, volume 2. Aging of cells in and outside the body.* Kluwer, Dordrecht.

**Kleinbaum DG, Klein M (2005). *Survival analysis. A self-learning text, second edition.* Springer, Berlin.

Le Bourg E, Rattan SIS (dir.) (2008). *Mild stress and healthy aging. Applying hormesis in aging research and interventions.* Springer, Berlin.

**Masoro EJ, Austad SN (dir.) (2006). *Handbook of the biology of aging, sixth edition.* Academic Press, Burlington.

Miwa S, Beckman KB, Muller FL (dir.) (2008). *Oxidative stress in aging. From model systems to human diseases.* Humana Press, Totowa.

Mobbs CV, Yen K, Hof PR (dir.) (2007). *Mechanisms of dietary restriction in aging and disease.* Karger, Bâle.

*Olshansky SJ, Carnes BA (2001). *The quest for immortality. Science at the frontiers of aging.* WW Norton and Company, New York.

**Osiewacz HD (dir.) (2003). *Biology of aging and its modulation, volume 4. Aging of organisms.* Kluwer, Dordrecht.

**Rattan SIS (dir.) (2003). *Biology of aging and its modulation, volume 5. Modulating aging and longevity.* Kluwer, Dordrecht.

Sell C, Lorenzini A, Brown-Borg HM (dir.) (2009). *Life-span extension. Single-cell organisms to man.* Humana Press, Totowa.

**Yu BP (dir.) (1999). *Methods in aging research.* CRC Press, Boca Raton.

**von Zglinicki T (dir.) (2003). *Biology of aging and its modulation, volume 1. Aging at the molecular level.* Kluwer, Dordrecht.

5. Quelques livres anciens en relation avec le vieillissement

Les livres ci-dessous ont un intérêt historique, en ce sens qu'ils montrent comment les auteurs anciens concevaient le problème du vieillissement. Il peut être pertinent de les lire afin d'éviter de croire que nos idées géniales sont les plus novatrices qui soient (c'est en particulier un enseignement du livre de Buffon). On peut trouver ces livres sur internet, d'occasion ou dans des rééditions modernes. Il existe d'autres livres anciens sur le vieillissement.

Buffon, Leclerc GL (Comte de) (1749). *De l'Homme.* Imprimerie royale, Paris.

Metalnikov S (1937). *La lutte contre la mort.* Gallimard, Paris.

Pearl R (1928). *The rate of living.* Knopf, Londres.

Turck L (1852). *De la vieillesse étudiée comme maladie et des moyens de la combattre.* JB Baillère, Paris.

Index

Composition et mise en pages
SMB
17, rue Auguste Frot
77590 Bois le Roi

Certifié PEFC
Ce produit est issu de forêts gérées durablement et de sources contrôlées.
PEFC 10-31-2007
pefc-france.org

Achevé d'imprimer par EMD S.A.S. (France)
N° d'imprimeur : 26273 - Dépôt légal : mars 2012
N° 1421 - AG 80°